智能变电站信息流的可视化分析与挖掘

主　编　廖小君　冯先正
副主编　张　里　罗　曼
　　　　王婷婷　刘兴海

黄河水利出版社

· 郑 州 ·

内 容 提 要

为了满足高职高专教材建设的需求,同时也为了帮助从事智能变电站继电保护工作的技术和管理人员全面系统地了解智能变电站继电保护可视化分析及数据挖掘的技术发展,特编写本书。本书主要内容有:大数据算法简介及分类、大数据算法在智能变电站中的应用研究、可视化挖掘分析在智能变电站中的应用研究、基于大数据的可视化分析及态势感知技术在数字电网中的应用研究等。本书涉及多个学科,综合面广、系统性强,有一定的理论深度和较强的专业性,大量吸纳了当前智能变电站信息流分析的经验和先进技术,并融入了编者从事智能变电站继电保护实际工作的独特见解。

本书主要作为高职高专院校电力技术类、自动化类等专业教材,同时可供同类专业的高校本科生和有关工程技术人员,以及从事智能变电站继电保护工作的技术和管理人员参考。

图书在版编目(CIP)数据

智能变电站信息流的可视化分析与挖掘/廖小君,冯先正主编.—郑州:黄河水利出版社,2021.3
ISBN 978-7-5509-2950-0

Ⅰ.①智… Ⅱ.①廖…②冯… Ⅲ.①可视化软件-应用-智能系统-变电所-数据处理 Ⅳ.①TM63-39

中国版本图书馆 CIP 数据核字(2021)第 049499 号

组稿编辑:田丽萍 电话:0371-66025553 E-mail:912810592@qq.com

出 版 社:黄河水利出版社
    地址:河南省郑州市顺河路黄委会综合楼 14 层
发行单位:黄河水利出版社
    发行部电话:0371-66026940、66020550、66028024、66022620(传真)
    E-mail:hhslcbs@126.com
承印单位:河南新华印刷集团有限公司
开本:787 mm×1 092 mm 1/16
印张:7.25
字数:170 千字
版次:2021 年 3 月第 1 版   印次:2021 年 3 月第 1 次印刷

网址:www.yrcp.com
邮政编码:450003

定价:35.00 元

📊 前　言

　　现实中很多系统都可以描述为一个复杂的网络结构图,无向的或有向的,无权的或含权的,甚至是时变的。图挖掘已有很多相关研究,包括社团结构检测、高影响力节点挖掘、图上的信息传播动力学等。智能变电站信息流也可以构建成一个网络结构图,并对这种网络结构图进行可视化分析与挖掘。

　　本书紧跟智能变电站发展新技术,紧密结合现场实际,从大数据算法、可视化分析、态势感知、大数据挖掘在智能变电站和智能电网中的应用等方面进行了介绍。内容涉及多个学科,综合面广、系统性强,有一定的理论深度和较强的专业性,大量吸纳了当前智能变电站信息流分析的经验和先进技术,并融入了编者从事智能变电站继电保护实际工作的独特见解。本书可帮助从事智能变电站继电保护工作的技术和管理人员全面系统地了解智能变电站继电保护可视化分析及数据挖掘的技术发展,更大的意义还在于给读者带来了图挖掘算法在智能变电站中应用的研究方向和思考视角。

　　全书共 4 章,其中第 1 章主要介绍了大数据算法的基本概念及分类,第 2 章主要介绍了大数据算法在智能变电站中的应用研究,第 3 章主要介绍了可视化挖掘分析在智能变电站中的应用研究,第 4 章主要介绍了基于大数据的可视化分析及态势感知技术在数字电网中的应用研究。

　　本书第 1 章由国网四川省电力公司技能培训中心罗曼编写,第 2 章 2.1 节、2.2 节、2.4 节、2.5 节和第 4 章 4.2~4.4 节由国网四川省电力公司技能培训中心冯先正编写,第 2 章 2.3 节由国网四川省电力公司技能培训中心王婷婷编写,第 3 章 3.1 节、3.2 节、3.5 节和第 4 章 4.1 节由国网四川省电力公司技能培训中心廖小君编写,第 3 章 3.3 节由国网四川省电力公司技能培训中心张里编写,第 3 章 3.4 节由国网四川省电力公司技能培训中心刘兴海编写。本书由廖小君、冯先正担任主编,并负责统稿;由张里、罗曼、王婷婷、刘兴海担任副主编。

　　本书主要作为高职高专院校电力技术类、自动化类等专业教材,同时可供同类专业的高校本科生和有关工程技术人员,以及从事智能变电站继电保护工作的技术和管理人员参考。

　　本书在编写过程中,得到了国网四川省电力公司各位领导及专家的大力支持。同时,参考了不少相关资料、著作,对提供帮助的同仁及资料、著作的作者,在此一并致以诚挚的谢意!

　　由于水平有限,书中不妥与疏漏之处在所难免,恳请读者批评指正。

编　者

2020 年 12 月

目 录

第 1 章　大数据算法简介及分类

1.1　大数据算法简介

当今社会正处于互联网时代,我们每天都被无数的信息所包围,每天我们使用手机进行网购、发微博、使用共享单车、预约医院门诊、玩抖音短视频等。这是一个信息爆炸的时代,这些信息构造出来的数字世界越来越庞大,这些爆炸式增长的数据就是我们说的大数据。如何从这些海量的数据中挖掘出对我们有用的信息,转化为经济价值,用于支撑各个行业的发展,就是当今大数据算法需要研究的问题。

1.1.1　大数据发展历程

大数据的发展历程可以划分为萌芽期、成熟期和大规模应用期三个重要阶段。20 世纪 90 年代至 21 世纪初,随着数据库技术、数据挖掘理论的不断成熟,一批商业智能工具、知识管理技术开始被应用,比如数据仓库、专家系统、知识管理系统等,此时大数据技术处于萌芽期。21 世纪前 10 年,大数据技术开始进入成熟期,随着非结构化数据的大量产生、Web2.0 应用迅速发展,使用传统的数据处理方法难以分析这些非结构化数据,推动了大数据技术的快速发展,产生了比较成熟的大数据解决方案,形成了并行计算和分布式系统两大核心技术,谷歌的 GFS 和 MapReduce 等大数据技术成为热门技术,Hadoop 平台开始被大规模应用。2010 年至今,大数据技术进入大规模应用期,大数据应用渗透各行各业,数据驱动决策,信息社会智能化程度大幅提高。2011 年,维克托·迈尔-舍恩伯格出版了《大数据时代》,在全世界范围内引起了轰动。2011 年 5 月,麦肯锡全球研究院发布了《大数据:下一个具有创新力、竞争力与生产力的前沿领域》,提出大数据时代到来。

1.1.2　大数据存储

我们可以通过多种渠道获取大数据,最常用的一种方法是通过互联网采集大数据,爬虫技术抓取数据是互联网采集大数据最常用的技术手段。如何将这些海量数据进行存储也是一个重要的课题,由于分布式存储具有效率高、安全性高、节省资源的优势,因此我们通常采用分布式存储方式来存储大数据,可以利用分布式文件系统和分布式数据库这两种分布式存储方式来存储大数据。大数据可以以文本的方式进行存储,通常大数据都是以字符流的方式进行处理的,所以可以将大数据存储于分布式文件系统中。HDFS(Hadoop Distributed File System)分布式文件系统存储大数据非常方便、高效。Hadoop 是目前比较成熟的大数据处理开源平台,是在全球使用最广泛的分布式计算平台之一。HDFS 是 Hadoop 的一个子项目,Hadoop 加上 HDFS 后解决了大数据分布式存储问题,可以建立属于自己的分布式文件系统。Hbase 分布式数据库可用于存储大数据,Hbase 是一款采用列式存储的分布式存储数据库,非常适合大数据的存储,Hbase 也是 Hadoop 的一个子项目,Hadoop 加上 Hbase 可以实现大数据分布式存储。

1.1.3 大数据的特点

可以用 4V(Volume、Variety、Velocity、Value)来描述大数据的特点。大数据的第一个特点是大量化(Volume),描述的是数据量体量巨大,这是最直观的一个特点。大数据具有多形式(Variety)的特点,描述的是数据类型的多样化。以前的数据主要是以结构化数据的形式存在的,而大数据的存在形式却是多样的,既包含传统的结构化数据,也包含XML、JSON 等形式的半结构化数据和更多的非结构化数据,既包含传统的文本数据,也有图片、音频、视频数据。大数据具有高速率(Velocity)的特点,描述的是数据产生效率的实时性高,这些海量的数据以非常高速的速率到达系统内部,比如传感器收集到的大量的实时数据或股票的实时交易数据的传输都很快速。大数据还有一个特点是价值(Value),主要描述的是这些数据的价值,大数据由于体量大,所以其数据的价值密度是比较低的,我们需要对这些海量的低价值原始数据进行数据挖掘和计算,从而找到隐藏在海量数据背后的具备高价值的数据,这也是我们需要进行大数据分析的原因。

1.1.4 大数据的分析方法

实现大数据分布式存储之后,需要解决的问题就是对这些海量的数据进行大数据分析。大数据分析要先构建大数据分析模型,通过模型对大数据进行分析。大数据的核心就是预测,是一种机器学习,是把数学算法运用到海量的数据上来,预测事情发生的可能性。我们通常是运用机器学习的方法训练大数据模型,从而实现对大数据的分析。

1.1.5 大数据的应用

大数据的应用非常广泛,可以说大数据无处不在,在互联网、制造业、金融、汽车、餐饮、电信、能源、体育、教育、物流、城市管理、生物医学和娱乐等在内的各行各业中都得到了应用。大数据比较典型的应用是在互联网领域、生物医学领域、能源行业、城市管理中。

大数据在互联网领域最典型的应用是推荐系统。在互联网时代,用户可以通过百度或者谷歌等搜索引擎来查找自己感兴趣的信息,但是在用户对自己的需求不太明确的时候,这些搜索引擎是很难帮助用户有效筛选信息的,这时候推荐系统就可以帮助用户。推荐系统可以通过分析用户的历史浏览记录来了解用户的喜好,从而主动为用户推荐其感兴趣的信息,满足用户的个性化推荐需求。阿里巴巴旗下的淘宝网就是运用大数据技术,做了一个非常强大的推荐系统,根据每位用户的喜好在淘宝首页上推荐不同的商品。

大数据在生物医学领域的应用主要有智慧医疗。智慧医疗通过打造健康档案区域医疗信息平台,利用最先进的物联网技术和大数据技术,可以实现患者、医护人员、医疗服务提供商、保险公司等之间的无缝、协同、智能的互联,让患者体验一站式的医疗、护理和保险服务。

大数据在能源行业中的应用主要有智能电网。传统电网主要是为稳定出力的能源而设计的,没办法有效吸纳处理不稳定的新能源。智能电网的提出解决了新能源的消纳需求。智能电网是建立在集成的、高速双向通信网络的基础上的,通过先进的传感和测量技术、先进的设备技术、先进的控制方法及先进的决策支持系统技术的应用,实现电网的可靠、安全、经济、高效、环境友好和使用安全的目标,其主要特征包括自愈、抵御攻击、提供满足用户需求的电能质量、容许各种不同发电形式的接入、启动电力市场及资产的优化高效运行。智能电网的发展需要依靠大数据技术的发展和应用,电网实时数据采集、传输和存储,并对海量数据进行快速分析。

大数据在城市管理中发挥着日益重要的作用,典型应用场景有智能交通。智能交通将先进的信息技术、数据通信传输技术、电子传感技术、控制技术及计算机技术等有效集成,并运用于整个地面交通管理,同时可以利用城市实时交通信息、社交网络和天气数据来优化最新的交通情况。

1.2 大数据算法分类

大数据的挖掘是从海量的、不完全的、有噪声的、模糊的、随机的大型数据中发现隐含在其中有价值的、潜在有用的信息和知识的过程,也是一种决策支持过程。其主要基于人工智能、机器学习、模式学习、统计学等。大数据算法有数百种,其大致分为:分类算法、回归算法、聚类算法、关联规则、人工智能算法、Web 数据挖掘、深度学习、集成算法等。

1.2.1 分类大数据算法

分类是找出数据中的一组数据对象的共同特点并按照分类模式将其划分为不同的类,其目的是通过分类模型,将数据库中的数据项映射到某个给定的类别中。该算法可以应用到涉及应用分类、趋势预测中,如淘宝商铺将用户在一段时间内的购买情况划分成不同的类,根据情况向用户推荐关联类的商品,从而增加商铺的销售量。很多算法都可以用于分类,如决策树、KNN、贝叶斯、基于案例的推理、卡方自动交互检测等。

1.2.1.1 贝叶斯网络算法

1. 算法思想

贝叶斯网络(Bayesian Networks)又称信度网(Belief Networks)、因果网(Causal Networks)或概率网(Probabilistic Networks),是当今人工智能领域不确定知识表达和推理技术的主流方法,这主要归功于贝叶斯网络良好的知识表达框架。在一些领域中,借助贝叶斯网络,人们能揭示和发现许多令人信服的概率依赖关系。贝叶斯网络为因果关系的表示提供了一个便利的框架,它是一个功能强大的处理不确定性的工具。贝叶斯网络用图形模式描述变量集合间的条件独立性,而且允许将变量间依赖关系的先验知识和观察数据相结合。

2. 算法特征

贝叶斯网络是一个具有以下特征的图形结构:

(1)贝叶斯网络是一个带有条件概率的有向无环图 DAG(Directed Acyclic Graph)。

(2)节点标示随机变量,节点之间的弧反映了随机变量间的条件依赖关系,指向节点

X 的所有节点称为 X 的父节点。

（3）与每个节点相联系的条件概率表 CPT（Conditional Probability Table）列出了此节点相对于其父节点所有可能的条件概率。

1.2.1.2 KNN（K 最近邻）算法

K 最近邻分类算法是基于实例的机器学习算法之一，它通过使用距离函数来判定训练集中与未知测试样本最靠近的 K 个训练样本。这 K 个训练样本是测试样本的 K 个"最近邻"。然后测试样本的类标号就是这 K 个"最近邻"中多数样本所在的类。在该算法的实现过程中，改造了简单的投票方法，将这 K 个距离进行加权，计算各个"最近邻"样本到测试样本的权重，得到测试样本属于各类的一个概率分布，依据概率分布决定测试样本的类标号。

1.2.1.3 CART（分类与回归树）算法

CART 方法是由 Breiman 等在 1984 年提出的一种决策树分类方法。CART 二叉树由根节点、中间节点和叶节点组成，每个根节点和中间节点是具有 2 个子节点的父节点。其使用的属性选择度量方式是 Gini 指标。

Gini 指标用来度量数据划分或者数据集的不纯度。$\text{Gini}(P) = \sum_{i=1}^{n} P_i(1 - P_i) = 1 - \sum_{i=1}^{n} P_i^2$，其中，$P_i$ 是样本属于 C_i 类的概率。

Gini 指标考虑每个属性上的二元划分。对于离散型属性，选择该属性产生最小 Gini 指标的子集作为它的分裂子集。对于数值型属性，取每对排序后的相邻值之间的中间点作为可能的分裂点。选取给定数值型属性产生最小 Gini 指标的点作为该属性的分裂点。

CART 采用后剪枝过程，使用降低错误率剪枝，把原数据集分成训练集和剪枝集。在训练集上，生成一棵完全生长的树，然后在剪枝集上计算分类错误率，对树进行剪枝。

1.2.2 聚类大数据算法

聚类类似于分类，但与分类的目的不同，是针对数据的相似性和差异性将一组数据分为几个类别。属于同一类别数据间的相似性很大，但不同类别之间数据的相似性很小，跨类的数据关联性很低。常见的聚类算法包括 K-Means 算法和期望最大化算法（Expectation Maximization，EM）。

1.2.2.1 COBWEB 算法

1. 算法思想

COBWEB 算法是一个通用且简单的增量式的概念聚类算法。COBWEB 算法用分类树的形式来表现层次聚类。为了利用分类树来对一个对象进行分类，需要利用一个匹配函数来寻找"最佳的路径"，COBWEB 算法用了一种启发式的评估衡量标准，用分类效用 CU（Category Utility）来指导树的建立过程。该算法能够自动调整类的数目大小，而不像其他算法那样自己设定类的个数，但 COBWEB 算法中的两种操作对于记录的顺序很敏感，为了降低这种敏感性，该算法引入两个附加操作：合并和分解。可以根据 CU 值来确定合并和分解操作，从而达到双向搜索的目的。

2. 算法缺点

COBWEB 算法的缺点是：

（1）它假设每个属性上的概率分布是彼此独立的，由于属性间经常是相关的，这个假设并不总是成立。这给该方法带来一定的局限性。

（2）聚类的概率分布表示更新和存储聚类相当繁复，因为时间和空间复杂度不只依赖于属性的数目，还取决于每个属性值的数目，所以当属性有大量的取值时情况变得很复杂。

（3）分类树对于偏斜的输入数据不是高度平衡的，它可能导致时间和空间复杂性的剧烈变化。

1.2.2.2 K-Means 算法

1. 算法思想

K-Means 算法也称为 K-平均或 K-均值，是一种得到最广泛使用的聚类算法。主要思想是：首先将各个聚类子集内的所有数据样本的均值作为该聚类的代表点，然后把每个数据点划分到最近的类别中，使得评价聚类性能的准则函数达到最优，从而使同一个类中的对象相似度较高，而不同类之间的对象相似度较低。

K-Means 算法的空间需求是适度的，因为只需要存放数据点和质心。具体地说，所需要的存储量为 $O[(m+K)n]$，其中 m 是点数，K 是中心点个数，n 是属性数。同时时间需求也是适度的，基本上与数据点个数线性相关。具体地说，所需要的时间为 $O(I \times K \times m \times n)$，其中 I 是收敛所需要的迭代次数。

2. 算法优缺点

优点：是解决聚类问题的一种经典算法，简单、快速；对处理大数据集，该算法是相对可伸缩和高效率的；当结果簇是密集的，而簇与簇之间区别明显时，它的效果较好。

缺点：算法依赖于用户指定的值；最终的结果对初值敏感，对于不同的初始值，可能会导致不同的结果；它对于"噪声"和孤立点数据是敏感的。

1.2.2.3 二分 K-Means 算法

1. 算法思想

要了解二分 K-Means 算法，首先应该了解 K-Means 算法。二分 K-Means 算法的思想是：首先将所有点作为一个簇，然后将该簇一分为二。之后选择能最大程度降低聚类代价函数（也就是误差平方和）的簇划分为两个簇（或者选择最大的簇等，选择方法多种）。以此进行下去，直到簇的数目等于用户给定的数目 k。

以上隐含的一个原则是：因为聚类的误差平方和能够衡量聚类性能，该值越小表示数据点越接近于它们的质心，聚类效果就越好。所以，就需要对误差平方和最大的簇进行再一次的划分，因为误差平方和越大，表示该簇聚类越不好，越有可能是多个簇被当成一个簇了，所以首先需要对这个簇进行划分。

2. 算法优缺点

二分 K-Means 算法简单并且可以用于各种数据类型，它相当有效，尽管常常多次运行。然而二分 K-Means 算法并不适合所有的数据类型，它不能处理非球形簇、不同尺寸和不同密度的簇。对包含离群点（噪声点）的数据进行聚类时，二分 K-Means 算法也有问题。

1.2.3 关联规则大数据算法

1.2.3.1 Apriori 算法

1. 算法思想

Apriori 算法是一种基本的挖掘关联规则的算法。主要通过两步来实现,首先搜索获得交易目录中频繁出现的项集,然后基于频繁项集进行规则的挖掘。

2. 算法优缺点

优点:可以挖掘指向特定项的规则(包括类的项)。

缺点:生成候选频繁项集,可能多次扫描数据集,从而影响算法的性能。

1.2.3.2 哈希树算法

1. 算法思想

哈希树(GSP)算法采用哈希树存储候选序列模式。哈希树的节点分为三类:根节点、内部节点和叶子节点。

根节点和内部节点中存放的是一个哈希表,每个哈希表项指向其他的节点。而叶子节点内存放的是一组候选序列模式。

2. 候选序列模式

从根节点开始,用哈希函数对序列的第一个项目做映射来决定从哪个分支向下,依次在第 n 层对序列的第 n 个项目做映射来决定从哪个分支向下,直到到达一个叶子节点。将序列储存在此叶子节点。

初始时所有节点都是叶子节点,当一个叶子节点所存放的序列数目达到一个阈值,它将转化为一个内部节点。

3. 候选序列模式支持度的计算

给定一个序列 s 是序列数据库的一个记录:

(1)对于根节点,用哈希函数对序列 s 的每一个单项做映射,并从相应的表项向下迭代进行操作(2)。

(2)对于内部节点,如果 s 是通过对单项 x 做哈希映射来到此节点的,则对 s 中每一个与 x 在一个元素中的单项,以及在 x 所在元素之后第一个元素的第一个单项做哈希映射,然后从相应的表项向下迭代做操作(2)或(3)。

(3)对一个叶子节点,检查每个候选序列模式 c 是不是 s 的子序列。如果是,相应的候选序列模式支持度加一。

这种计算候选序列的支持度的方法避免了大量无用的扫描,对于一条序列,仅检验那些最有可能成为它子序列的候选序列模式。扫描的时间复杂度由 $O(n×m)$ 降为 $O(n×t)$,其中 n 表示序列数量,m 表示候选序列模式的数量,t 代表哈希树叶子节点的最大容量。

1.2.3.3 Partition 算法

1. 算法思想

Partition 算法是指将原数据集划分成若干个子块,在每个子块中挖掘出频繁项集,然后再次扫描整个数据集,从而得到整个数据集上的频繁项集而进行关联规则生成的算法。

2. 算法优缺点

优点：对于大的数据集可以进行规则的挖掘。

缺点：数据分布不均匀的情形效果不好。

1.2.4 回归大数据算法

回归分析反映了数据库中数据属性值的特性，通过函数表达数据映射的关系来发现属性值之间的依赖关系。它可以应用到对数据序列的预测及相关关系的研究中。在市场营销中，回归分析可以被应用到各个方面。如通过对本季度销售的回归分析，对下一季度的销售趋势作出预测并做出针对性的营销改变。常见的回归算法有：最小二乘法（Ordinary Least Square）、逻辑回归（Logistic Regression）、逐步式回归（Stepwise Regression）、多元自适应回归样条（Multivariate Adaptive Regression Splines），以及本地散点平滑估计（Locally Estimated Scatterplot Smoothing）。

1.2.4.1 线性回归

线性回归算法是寻找属性与预测目标之间的线性关系，采用最小二乘法来获取各属性与预测目标的线性系数。回归分析是一种专用于共线性数据分析的有偏估计回归方法，实质上是一种改良的最小二乘估计法，通过放弃最小二乘法的无偏性，以损失部分信息、降低精度为代价获得回归系数更为符合实际、更可靠的回归方法，对病态数据的耐受性远远强于最小二乘法。

1.2.4.2 多项式回归

1. 算法思想

研究一个因变量与一个或多个自变量间多项式的回归分析方法，称为多项式回归（Polynomial Regression）。如果自变量只有一个，称为一元多项式回归；如果自变量有多个，称为多元多项式回归。

在一元回归分析中，如果依变量 y 与自变量 x 的关系为非线性的，但是又找不到适当的函数曲线来拟合，则可以采用一元多项式回归。多项式回归的最大优点就是可以通过增加 x 的高次项对实测点进行逼近，直至满意。事实上，多项式回归可以处理相当一类非线性问题，它在回归分析中占有重要的地位，因为任一函数都可以分段用多项式来逼近。因此，在通常的实际问题中，不论依变量与其他自变量的关系如何，总可以用多项式回归来进行分析。

2. 算法描述

多项式回归问题可以通过变量转换化为多元线性回归问题来解决。因此，用多元线性函数的回归方法就可解决多项式回归问题。

需要指出的是，在多项式回归分析中，检验回归系数 B_i 是否显著，实质上就是判断自变量 x 的 i 次方项 x_i 对依变量 y 的影响是否显著。但随着自变量个数的增加，多元多项式回归分析的计算量急剧增加。

3. 偏离度

根据最小二乘法，使偏差平方和 S_T 最小，建立多元线性回归方程。偏差平方和 S_T 的大小表示了实测点与回归平面的偏离程度，因而偏差平方和又称为离回归平方和。统计学已证明,在 m 元线性回归分析中,离回归平方和的自由度为 $(n-m-1)$。于是可求得离回归均方为 $\sum(y-\hat{y})^2/(n-m-1)$。离回归均方是模型中 σ^2 的估计值。离回归均方的平方根叫离回归标准误,记为 S_{yx}(或简记为 S_e)。

离回归标准误的大小表示了回归平面与实测点的偏离程度,即回归估计值 $\hat{y}$ 与实测值 y 偏离的程度,于是我们把离回归标准误 S_{yx} 用来表示回归方程的偏离度。离回归标准误大,表示回归方程偏离度大;离回归标准误小,表示回归方程偏离度小。

4. 算法应用

变量间复杂相关性的预测、拟合和检验。

1.2.4.3 线性判别分析(LDA)算法

1. 算法思想

LDA 的全称是 Linear Discriminant Analysis(线性判别分析),LDA 是目前在机器学习、数据挖掘领域经典且热门的一个算法,据悉,百度的商务搜索部里面就用了不少这方面的算法。

LDA 的原理是,将带上标签的数据(点),通过投影的方法,投影到维度更低的空间中,使得投影后的点形成按类别区分,一簇一簇的情况,相同类别的点,将会在投影后的空间中更接近。要说清 LDA,首先得弄明白线性分类器(Linear Classifier),因为 LDA 是一种线性分类器。

当满足条件:对于所有的 j,都有 $Y_k>Y_j$,我们就说 x 属于类别 k。对于每一个分类,都有一个公式去算一个分值,在所有的公式得到的分值中,找一个最大的,就是所属的分类了。

上述实际上就是一种投影,是将一个高维的点投影到一条高维的直线上。LDA 追求的目标是,给出一个标注了类别的数据集,投影到了一条直线之后,能够使得点尽量地按类别区分开。当 $k=2$ 即二分类问题时,其原理示意图见图 1-1。

图 1-1 中,第一象限内的圆形点为 0 类的原始点、方形点为 1 类的原始点,经过原点的那条线就是投影的直线。从图上可以清楚地看到,斜线上的圆形点和方形点被原点明显地分开了,这个数据只是随便画的,如果在高维的情况下,看起来会更好一点。

LDA 分类的一个目标是使得不同类别之间的距离越远越好,同一类别之间的距离越近越好,所以我们需要定义几个关键的值。

用分母表示每一个类别内的方差之和,方差越大表示一个类别内的点越分散;分子为两个类别各自的中心点的距离的平方。最大化 $J(w)$ 就可以求出最优的 w 了。想要求出最优的 w,可以使用拉格朗日乘子法,但是现在得到的 $J(w)$,w 是不能被单独提出来的,就得想办法将 w 单独提出来。

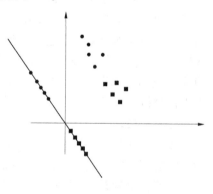

图 1-1 LDA 原理示意图

定义一个投影前的各类别分散程度矩阵 s_i，其意义是：如果某一个分类的输入点集 D_i 里的点距离这个分类的中心点 m_i 越近，则 S_i 里元素的值就越小，如果分类的点都紧紧地围绕着 m_i，则 S_i 里的元素值越接近 0。

这样就可以用拉格朗日乘子法了，但是还有一个问题，如果分子、分母都是可以取任意值的，那就会使得有无穷解，我们将分母限制长度为 1（这是用拉格朗日乘子法一个很重要的技巧，在主成分分析算法中也会用到），并作为拉格朗日乘子法的限制条件。

这同样是一个求特征值的问题，求出的第 i 大的特征向量，就是对应的 W_i 了。

特征值在纯数学、量子力学、固体力学、计算机等领域都有广泛的应用，特征值表示的是矩阵的性质，当取到矩阵前 N 个最大的特征值时，可以说提取到了矩阵主要的成分［这个和主成分分析（PCA）相关，但不是完全一样的概念］。在机器学习领域，不少的地方都要用到特征值的计算，比如说图像识别、PageRank、LDA，以及 PCA 等。

2. 算法应用举例

图 1-2 是图像识别中广泛用到的特征脸（Eigenface），提取出特征脸有两个目的，首先是为了压缩数据，对于一张图片，只需要保存其最重要的部分就行了。其次，为了使得程序更容易处理，在提取主要特征的时候，很多噪声都被过滤掉了。它与 PCA 的作用非常相似。

图 1-2　特征脸

特征值的求法有很多，求一个 D×D 矩阵的时间复杂度是 O(D^3)，也有一些求 Top M 的方法，比如 Power Method，它的时间复杂度是 O(D^2×M)。总体来说，求特征值是一个很费时间的操作,如果是单机环境下,是很局限的。

1.2.5　人工智能算法

神经网络作为一种先进的人工智能技术,因其自身自行处理、分布存储和高度容错等特性,非常适合处理非线性的及以模糊、不完整、不严密的知识或数据为特征的问题,它的这一特点十分适合解决数据挖掘的问题。典型的神经网络模型主要分为三大类:第一类是用于分类预测和模式识别的前馈式神经网络模型,其主要代表为函数型网络、感知机。第二类是用于联想记忆和优化算法的反馈式神经网络模型,以 Hopfield 的离散模型和连续模型为代表。第三类是用于聚类的自组织映射方法,以 ART 模型为代表。虽然神经网络有多种模型及算法,但在特定领域的数据挖掘中使用何种模型及算法并没有统一的规则,而且人们很难理解网络的学习及决策过程。

Web 数据挖掘是一项综合性技术,指 Web 从文档结构和使用的集合 C 中发现隐含的模式 P,如果将 C 看作是输入,P 看作是输出,那么 Web 挖掘过程就可以看作是从输入到输出的一个映射过程。当前越来越多的 Web 数据以数据流的形式出现,因此对 Web 数据流挖掘就具有很重要的意义。目前常用的 Web 数据挖掘算法有:PageRank 算法、HITS 算法及 LOGSOM 算法。这三种算法提到的用户都是笼统的用户,并没有区分用户的个体。目前 Web 数据挖掘面临着一些问题,包括用户分类问题、网站内容时效性问题、用户在页面停留时间问题、页面的链入与链出数问题等。在 Web 技术高速发展的今天,这些问题仍旧值得研究并加以解决。

深度学习算法是对人工神经网络的发展,其在近期赢得了很多关注,特别是在百度也开始发力深度学习后,更是在国内引起了很多关注。在计算能力变得日益廉价的今天,深度学习算法试图建立大得多且复杂得多的神经网络。很多深度学习算法是半监督式学习算法,用来处理存在少量未标识数据的大数集。常见的深度学习算法有:受限玻尔兹曼机(Restricted Boltzmann Machine, RBM)、深度置信网络(Deep Belief Networks, DBN)、卷积网络(Convolutional Networks)、堆栈式自动编码器(Stacked Auto-encoders)。

集成算法是用一些相对较弱的学习模型独立地就同样的样本进行训练,然后把结果整合起来进行整体预测。集成算法的主要难点在于究竟集成哪些独立的较弱的学习模型及如何把学习结果整合起来。集成算法是一类非常强大的算法,同时也非常流行。常见的算法包括 Boosting、Bootstrapped Aggregation(Bagging)、AdaBoost、堆叠泛化(Stacked Generalization)、梯度推进机(Gradient Boosting Machine, GBM)、随机森林(Random Forest)。

除此之外,在数据分析工程中降维也是很重要的,像聚类算法一样,降低维度算法试图分析数据的内在结构,不过降低维度算法是以非监督学习的方式试图利用较少的信息来归纳或者解释数据的。这类算法可以用于高维数据的可视化或者用来简化数据以便监督式学习使用。常见的算法包括主成分分析(Principle Component Analysis, PCA)、偏最小二乘回归(Partial Least Square Regression, PLSR)、Sammon 映射、多维尺度(Multi-Dimensional Scaling, MDS)、投影追踪(Projection Pursuit)等。

1.3　智能变电站中常见算法介绍

1.3.1　力导向算法介绍

基于力导向算法是弹簧理论算法中的一种典型算法。将整个信息网络图想象成虚拟的物理系统,系统中的每个节点看作是具有一定能量的粒子,粒子与粒子之间存在着库仑斥力和虎克引力。粒子从开始的随机无序状态,在粒子间的斥力和引力作用下,不断发生位移,经过数次迭代后,粒子之间不再发生相对位移。整个物理系统的能量不断消耗,达到一种稳定平衡的状态。

针对已有力导向算法的缺点,本书提出改进的力导向算法:在进行迭代计算时,判断是否有固定的节点,如果不是固定节点则进行下一步,如果是固定节点则不进入迭代计算。该改进用于分析固定母线保护、线路保护、变压器保护等 IED(智能电子设备)的不同情况下的信息流图。针对不同电压等级的主接线情形,如 220 kV 站、500 kV 站和内桥接线,可固定不同的 IED。此外,借鉴主接线图的大致布局,获取母线保护、线路保护、变压器保护等 IED 的初步布局,设备初始位置不是随机产生的,对不同电压等级的引力计算引入不同的权重,在节点迭代计算过程中引入重力系数,避免在大规模节点网络的边缘布点和孤立布局,从而影响整体布局效果。将此方法用于某 220 kV 智能变电站 IED 关系图的自动生成,与常规的力导向算法进行对比,该算法不仅可快速计算,且自动生成的信息流图结构清晰、布局均匀,方便查看。

改进的力导向算法步骤如下:

第一步:读取 IED 连接信息流,并保存在连接表中,节点连接表是 Excel 文件格式,需要用程序读取 Excel 文件,并存放在连接表矩阵中。

第二步:对 IED 节点和连接进行判断及筛选。对于无 IED 的连接,或者只有不超过 3 个 IED 的独立的连接单独进行显示,不参与迭代算法运算,以避免造成图形过于散乱。

第三步:生成初始节点位置。根据 IED 描述,将 220 kV 的 IED 放入图的左上方区域,110 kV 的 IED 放入左下方区域,35 kV 的 IED 放入右下方区域,其他的 IED 放入右上方区域。考虑到双母线接线的特点,其主要连接集中在母线和主变压器,为了使力导向算法最终布局能够体现双母线接线的特点,在生成初始节点位置时,将母线 IED 和主变压器 IED 设置为相对固定节点,并按照双母线接线方式生成母线 IED 和主变压器 IED 的位置,其他 IED 按照电压等级分区域随即生成初始位置。

第四步:判断节点类型是否为固定的节点,将母线 IED 和主变压器 IED 设置为相对固定节点,同时对于 IED 所属的电压等级,设置一定的迭代算法限制区,使得布局能够体现不同电压区域特点。母线 IED 和主变压器 IED 不参与迭代计算。

第五步:计算每次迭代局部区域内两两节点之间的斥力:

$$F_r = \frac{k_r q_1 q_2}{r^2} \tag{1-1}$$

式中　F_r——库仑力;

$\quad\quad k_r$——库仑力系数;

$\quad\quad q_1$——粒子 1 的电荷量;

$\quad\quad q_2$——粒子 2 的电荷量;

$\quad\quad r$——两个粒子之间的距离。

第六步:计算每次迭代每条边的引力:

$$F_s = k_s(x - x_0) \tag{1-2}$$

式中　F_s——引力;

$\quad\quad k_s$——引力系数;

$\quad\quad x$——有形变时伸长或缩短的长度;

$\quad\quad x_0$——无形变时的长度。

第七步:累加经过斥力、引力计算得到的所有节点的单位位移:

$$\Delta x = F_r \Delta t$$
$$\Delta y = F_s \Delta t \tag{1-3}$$

式中　Δt——步长;

$\quad\quad F_r$——库仑力;

$\quad\quad F_s$——引力;

$\quad\quad \Delta x$——横向位移;

$\quad\quad \Delta y$——纵向位移。

第八步:迭代 n 次,直至达到理想效果。其中 n 可以设置为 100 次。

第九步:输出可视化图形。用 plot 函数画出优化后的节点坐标。

改进力导向算法的智能变电站信息连接图可视化布局的流程如图 1-3 所示。

1.3.2　模拟退火算法介绍

模拟退火其实也是一种 Greedy 算法,但是它的搜索过程引入了随机因素。模拟退火算法以一定的概率来接受一个比当前解要差的解,因此有可能会跳出这个局部的最优解,达到全局的最优解。它是基于 Monte-Carlo 迭代求解策略的一种随机寻优算法,其出发点基于物理中固体物质的退火过程与一般组合优化问题之间的相似性。模拟退火算法来源于固体退火原理,将固体加温至充分高,再让其徐徐冷却,加温时,固体内部粒子随温升变为无序状,内能增大,而冷却时粒子渐趋有序,每个温度都达到平衡态,最后在常温时达到基态,内能减为最小。根据 Metropolis 准则,粒子在温度 T 时趋于平衡的概率为 $\exp[-\Delta E/(kT)]$,其中 E 为温度 T 时的内能,ΔE 为其改变量,k 为玻尔兹曼常数。用固体退火模拟组合优化问题,将内能 E 模拟为目标函数值 f,温度 T 演化成控制参数 t,即得到解组合优化问题的模拟退火算法。算法步骤见表 1-1。

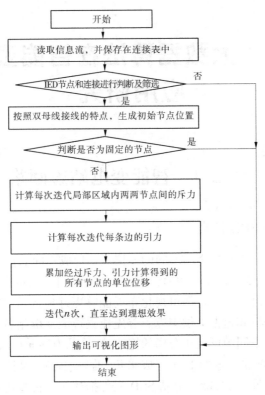

图 1-3 算法流程

表 1-1 算法步骤

编号	算法内容
1	读取信息流,并保存在连接表中
2	随机分布初始节点位置
3	判断是否为固定的节点,如果不是固定节点则进行下一步
4	随机给定初始状态,设定合理的退火策略(选择各参数值、初始温度 T_0、降温率等)
5	令 $x'=x+\Delta x$(Δx 为小的均匀分布的随机扰动),计算 $\Delta E=E(x')-E(x)$
6	若 $\Delta E<0$,则接受 x' 为新的状态,否则以概率 $P=\exp\left[-\Delta E/(kT)\right]$ 接受 x',其中 k 为玻尔兹曼常数。具体做法是产生 0~1 的随机数 a,若 $P>a$ 则接受 x';否则拒绝 x',系统仍停留在状态 x
7	重复步骤 5、6,直到系统达到平衡状态
8	按第 4 步中给定的规律降温,在新的温度下重新执行 5~7 步,直到 $T=0$ 或者达到某一预定低温
9	迭代 n 次,直至达到理想效果
10	输出可视化图形

第2章 大数据算法在智能变电站中的应用研究

2.1 智能变电站虚回路

2.1.1 智能变电站 IED 信息

智能变电站 IED 众多,IED 之间不同的连接关系构成不同的信息网络图,目前对于这些连接信息的可视化主要考虑单个 IED,未考虑 IED 之间的图可视化布局的应用。对于智能变电站的网络连接信息,通过图可视化布局能够更好地揭示 IED 之间的数据连接关系,为后续图可视化分析和挖掘提供支撑。首先建立智能变电站各 IED 的连接信息网络图模型,通过分析比较不同图可视化布局的算法,选择了力导向算法作为基本布局。

智能变电站信息通过大量的 IED 完成采集、监视、控制、保护等任务。这些 IED 众多,相互之间都有信息联系,智能变电站 SCD 文件描述了智能变电站所有 IED 的实例配置和通信参数信息、IED 之间的联系信息(虚端子连接信息),根据 IED 之间的虚端子连接,可构成虚端子连接网络;IED 之间通过光纤连接构成物理连接信息网络,相关物理光纤及交换机的连接关系可通过设计图得到,并进行可视化;另外,IED 在运行过程中,无论正常运行还是故障时,相互之间的通信信息构成在线网络信息关系图。分析和研究以上三种信息网络具有很好的应用价值。

智能变电站 IED 信息可视化中应用最多的是对虚端子连接关系的可视化,目前已经有许多虚端子可视化工具显示虚端子的连接关系,但更多的是基于单个 IED 的虚连接可视化,典型布局如图 2-1 所示;或者局部间隔 IED 布局,如图 2-2 所示。在这两种可视化布局的基础上,可进行二次安全措施可视化、二次设备在线监测可视化等,展示异常信号等监视信息。

网络图的可视化自动化布局研究在电力系统中已经有广泛的应用,但主要集中在变电站各种接线图的自动化布局、输电网的各种接线图布局、配电网络图的可视化布局。用于智能变电站的 IED 之间信息流连接的图可视化布局和图分析技术研究目前开展很少。

网络可视化技术作为一类重要的信息可视化技术,充分利用人类视觉感知系统,将网络数据以图形化方式展示出来,快速直观地解释及概览网络结构数据,一方面可以辅助用户认识网络的内部结构,另一方面有助于挖掘隐藏在网络内部的有价值信息。但目前智能变电站二次 IED 在线监测系统的可视化主要侧重于 IED 的监测信息显示,对于通过网络图布局揭示相关的连接特征考虑得还不足,智能变电站 IED 之间的连接信息可视化手段难以展示 IED 之间连接关系的特征,还不能揭示网络的节点特征和节点之间的连接关

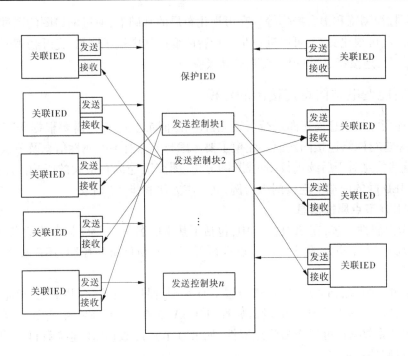

图 2-1 单个 IED 布局

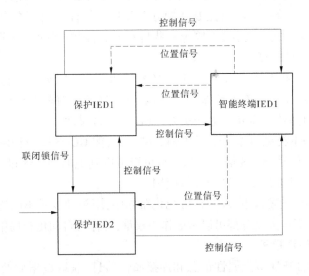

图 2-2 局部间隔 IED 布局

系特征,比如不能从布局图直接分析出整个 IED 连接网络图是稀疏还是稠密、哪些 IED 连接数目多、哪些 IED 连接聚成一个网络群、双重化的 IED 之间是否有连接、不同类型 IED 间的连接层次关系等。

网络可视化作为信息可视化的一个重要分支,涵盖了其涉及的所有常见任务,如检索值、筛选、计算派生值、查找极值、排序、确定属性值范围、刻画分布、发现和揭示关联、查找相邻节点、扫视浏览和集合操作等。在可视化布局的基础上,通过网络图的图过滤、排序、查找、图计算、可视化交互,可以进一步进行智能变电站虚端子网络、光纤物理网络等不同 IED 连接关系、连接特点、可视化交互等高级应用。

2.1.2 智能变电站信息连接图的建模

对智能变电站信息连接图进行可视化自动化布局之前,首先需要根据研究的 IED 间的连接关系进行网络连接图建模。建模主要考虑与节点有关的属性信息及节点之间的连接信息,这些信息对于后续进行图过滤、图分析、图交互挖掘有很大的影响。以简单的智能变电站 IED 间的虚端子连接网络为例,其基本方法和步骤如下。

2.1.2.1 IED 节点属性信息

IED 节点属性很多,在 SCD 文件中,包括了基本的名字、厂家、版本等信息,在可视化自动化布局时,为了更好地对 IED 节点进行可视化自动化布局控制,还需要考虑加入其他属性信息。

首先,可按照节点 IED 名字前缀设置 IED 类型:保护、测控、合并单元、智能终端及其他类型。其次,可按照电压等级设置属性:110 kV、220 kV、10 kV、主变节点等。除此之外,有关的计算数据也可以作为节点属性,如 IED 节点度数(IED 连接数目)、出入度(表明了 IED 订阅的数量)等。

上述 IED 节点属性的设置,可根据需求采用不同的 IED 节点颜色、外观、大小等自动进行设置,并能更好地分析不同属性 IED 的分布和自身特性。当然在自动化布局中也可以根据不同的节点类型进行控制,如固定一些特殊节点,调整不同类型节点的权重等。

2.1.2.2 IED 连接属性信息

首先,IED 之间的相互虚连接即构成网络图的边,由于 IED 的虚连接包括输入和输出,有些是单向连接,如合并单元到保护,有些是双向连接,如保护和智能终端间的连接,因此这个图是一个有向图,需要考虑连接方向(Directed)属性。

其次,连接的基本类型可按照信号传输类型考虑,如 GOOSE(一种面向通用对象的变电站事件)信号、SV 信号、MMS 信号。当然也可以考虑其他的一些连接属性(例如控制信号、联闭锁信号等),以进行更高级的分析应用。

最后,可以对连接设置权重,以便在可视化布局中,用粗细表示不同连接。连接的虚端子数量、连接信息的流量大小等都可以考虑作为权重,并作为自动化布局中的考虑因素。

2.1.2.3 IED 节点–连接表

按照如前所述的 IED 节点属性信息和连接属性信息,获取数据后便可以构成网络连接图的节点–连接表,典型的表见表 2-1、表 2-2。

表 2-1 典型节点表

编号	IED 名	IED 描述	IED 类型	电压等级(kV)
0	pzb1a	主变保护	保护	220
1	pmx220a		合并单元	110

表 2-2　典型支路表

源节点 ID	目的节点 ID	方向	边编号	支路名	权重	信息类型	信号类型
0	1	Directed	0	ds1-ds2-5	2	M1	跳闸
1	2	Directed	1	m1-m2-5	1	G1	电压
2	0	Directed	2	input-ds1-5	1		电流

 ## 2.2　智能变电站继电保护故障信息

2.2.1　问题的提出

对于继电保护故障信息,目前分析和挖掘应用不足,不仅对于非故障元件的信息利用不足、信息的安全裕度分析不够,而且对于故障元件的信息挖掘也是远远不够的。现场在利用各种保护系统的故障信息时,更多强调的是通过收集数据快速地对故障进行诊断,其分析结果提供给调度员进行决策。

另外,对于保护动作行为反应故障,不正确动作时很关注,正确动作时则不太关注,更不会对多次正确动作的行为进行基于大量数据的分析和挖掘。但其实对于系统的每一次故障,对于一、二次系统都是一次实战检验,如果对大量的故障动作信息进行深入挖掘,包括采用基于大数据的数据分析和挖掘技术,可以对整个二次系统的各种行为进行智能评估,并对新发生的故障行为进行诊断,并发现一些异常具有非常高的应用价值。

2.2.2　基于大数据的二次系统动作行为的智能分析

2.2.2.1　主要分析内容

基于大数据的保护系统动作行为的智能分析内容,是根据故障录波器、保护装置、通信设备、网络分析仪、监控系统等收集和分析的数据进行综合性的智能分析。对于每一次故障而言,其采集和分析的基本数据包括保护的动作元件,开入开出信息(对于智能变电站更关注故障期间的 GOOSE 变位信息),故障录波器的故障信息,断路器开入开出、光纤保护通道数据交换信息,监控系统收集到的保护上送报文等。根据上述信息,建立起某一次故障的动作记录(多维多类似的数据)。对于大量的动作记录,则进行智能分析,如通过聚类分析算法,根据不同聚类方式形成不同的动作记录分类,如按照元件分类、按照故障类型分类等。对于这些动作记录,采用统计方法或者其他人工智能算法,分析出典型动作行为特征:比如根据大量线路瞬时性单相接地故障记录库的智能分析,能够得到其正确动作情况下,典型瞬时性单相接地故障动作包括哪些信息,哪些元件动作会发出哪些信号等;这些元件的典型动作时间,如保护的动作期望值、开关的动作期望值、重合闸动作期望值、闭锁信息的动作期望值、上送到监控系统报文的动作期望值等。根据典型动作行为,可以做出一个单相接地故障的动作行为图。在此基础上可以进一步分析双重化保护动作行为图的差异,不同电压等级,不同厂家、不同地区的保护动作行为图的差异等。在建立了典型的动作行为库的基础上,如果某次新发故障,可以根据相似度分析和最相似的行为库进行比较,如有异常,分析异常原因。

2.2.2.2　实现智能分析的意义

实现上述的智能分析和可视化,可以充分利用故障后各种继电保护相关的故障动作信息对各种相关一、二次元件对于故障的反应情况进行评估,包括这些元件自身动作情况、相互之间的信号交互情况等,并以可视化图的方式进行展示,从而使继电保护运维人员能够直观有效地进行分析,并更容易发现有问题的部分。

通过智能分析建立的典型动作行为库,能够使我们对于保护对故障反应的典型情况有更加深刻和具体的了解,对于提升和改善对故障反应的能力有极大的实用价值,比如对典型的动作时间偏高、报文上送时间过长、信号传输通道延时过长等可以进行改进。典型行为库的建立对于后续保护系统异常动作行为检测也提供了可能性。

对于新发生的故障,通过与典型故障行为库比较,能够发现哪些地方有异常。比如一个瞬时性单相接地故障,虽然该保护正确动作,但发现该保护并未发出启动失灵信号(虽然并不影响其正确动作,但在开关失灵下则会影响到失灵保护)。又比如典型的接地故障,零序保护应当动作,若某个保护正确动作,而零序未动作,则可能是零序回路故障。这对于发现隐形故障是非常有效的手段。

通过其他的运维管理大数据,可以分析不同厂家、不同地区的典型动作行为差异,以及差异的关联因素有哪些(如通过主成分法进行分析)。

2.2.2.3　典型动作行为库的建立(动作行为评价)

1. 基本数据信息

典型动作行为库的建立基于一次故障相关信息的收集,收集的信息根据不同分析内容可能会有差异,需要进行不同的研究,下面以线路保护故障时收集信息为例进行说明。

1) 线路保护的相关信息

动作元件记录见表2-3,线路保护的开入开出记录见表2-4。

表 2-3　动作元件记录

序号	动作元件	动作时间	返回时间	内容信息	故障量	故障相
1	启动	×××	×××	突变量启动		
2	差动元件	×××	×××	比率差动动作	三相差动电流,三相制动电流	A
3	距离元件	×××	×××	××启动		B
4	故障测距信息	×××	×××	××启动		C

表 2-4　线路保护的开入开出记录

序号	名称	动作时间	返回时间	内容信息	类型	故障相
1	失灵启动	×××	×××	0→1	开出	
2	闭锁重合闸	×××	×××	1→0	开入	A
3	线路跳闸	×××	×××	0→1	开出	
4	远跳信息不复归	×××	×××	0→1	开出	

其他信息有定值和压板状态,另外还有保护配置基本信息,如差动还是纵联保护、保护厂家、保护类型(传统还是智能变电站)等。

注:对于不同定值和压板状态,其动作行为会有差异,所以在进行异常检测时这些因素必须考虑。

2)线路保护相关联的其他保护信息

与线路保护相关联的保护主要包括失灵保护、另一套保护动作行为,如表 2-5 所示。

表 2-5　保护动作行为

序号	关联对象	名称	动作时间	返回时间	内容信息	类型	备注
1	失灵保护	收到失灵信号	×××	×××	0→1	开出	
2	其他保护	收到闭锁重合闸信号	×××	×××	1→0	开入	A
3	安控	联跳	×××	×××	1→0	开入	

3)故障录波器的相关信息

对故障模拟量信息进行初步分析处理(见表 2-6)。

表 2-6　故障录波器的开入开出记录

序号	名称	动作时间	返回时间	内容信息	类型	备注
1	保护跳闸	×××	×××	0→1	开出	
2	保护重合闸	×××	×××	1→0	开入	A
3	断路器位置	×××	×××	1→0	开入	

4)通信设备信息

通信设备信息主要包括故障期间的通道交换信息,该部分主要针对复用通道,专用通道通过保护设备可以查看。另外,通过传输交换设备能收集到哪些与线路保护相关的信息还需研究。

5)监控系统信息

监控系统信息主要包括与保护相关的动作报文,例如:某某时间,距离Ⅰ段动作;动作相别,某某时间,重合闸动作,重合相。

2.数据建模

针对上述信息需要进行数据建模,以利于后续进行数据的智能分析。上述信息从类型上看,有动作报文类,有开入开出的变化类,有监控系统的文本类。故障录波器为波形数据,因此首先需要对数据进行梳理、预处理、建模。

3. 动作行为分析及评价

对于上述信息采用何种分析方式是需要认真研究的。

(1)从集合的数学模型上,上述信息可以考虑为一个集合,这个集合包括一系列的对象、对象的动作、对象间的联系等,因此可以考虑采用集合分析的方法,一些故障分析诊断采用的模糊粗糙集的分析方法也可以采用。

(2)从图的角度,这是一个网络数据集合,具有各种对象节点(保护、断路器、监控、录波等),因此采用图论或者图分析的相关方法可以考虑,比如图聚类等。同时数据中包含了数据标签,因此成为一个动态网络,可以采用动态网络图分析技术。

(3)从数据挖掘的角度,这是一个涉及多维、多对象的时间序列的数据挖掘,采用数据挖掘的方式,比如聚类算法、关联性分析、异常检测等可以考虑。同时这些对象都具有时间属性,因此信息流的有关分析技术也可以考虑。

(4)利用人工智能技术进行分析。由于保护的多次数据形成了数据记录集合,对这些数据集合进行智能分析,相当于能否通过人工智能学习,分析和总结出这些数据集合的典型特征,识别这些数据集合的特征(语言和人脸识别等也有类似之处),所以利用人工智能技术进行智能分析是可行的,但关键在于如何建模、如何训练数据。

4. 动作行为的图可视化

就上述故障信息集合而言,这是一个网络数据集合,具有各种对象节点(保护、断路器、监控、录波等),首先可以直接进行可视化布局,再采用相关图分析技术进行可视化分析。

典型的动作行为图网络数据表可归纳为表2-7和表2-8。

表2-7 典型的动作行为图节点表

节点编号	节点名称	节点类型	厂家	其他属性	备注
1	线路保护 A	保护设备			
2	对侧线路保护	保护设备			
3	母线保护	保护设备			
4	断路器 1	开关设备			
5	断路器 2	开关设备			
6	故障录波器	录波设备			
7	监控系统	监控设备			
8	保信子站	监控设备			

表 2-8 典型连接表

连接编号	节点 1	节点 2	连接内容	连接值	连接时间
1	线路保护 A	对侧线路保护	信号通信		时间 1-时间 2
2	线路保护 A	母线保护	启动失灵关联		时间 2-时间 3
3	线路保护 A	断路器 1	跳闸		
4	线路保护 A	断路器 2	跳闸		
5	线路保护 A	故障录波器	跳闸开入		
6	母线保护	监控系统	失灵启动开入		
7	线路保护 A	监控系统	动作开入		
8	故障录波器	监控系统	录波开入		

采用上述表格后,通过图分析软件(yEd Graph Editor)自动生成了布局模式 1,图 2-3 中自动对相同类型进行了分类显示。

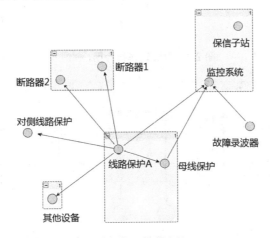

图 2-3 节点连接

图 2-4、图 2-5 采用层次化布局模式,该模式可以将保护设置在一层、一次设备设置在一层、监控系统等设备设置在一层,层次感比较清晰。

利用软件进行自动优化布局,目前对 yEd Graph Editor 软件使用不是很熟练,这个图形对于不同节点类型应当可以采用不同颜色或者形状表明,对于不同连接可以采用不同颜色表明是信号连接还是动作出口连接或者报文连接,并可以在连接旁显示具体的连接信息等。这些属于图可视化的具体展示的一些优化方面的内容。

总之,建立出故障动作行为图后可以利用图的可视化技术进行多种方式布局,以更好地显示故障动作行为。

2.2.2.4 双重化保护动作行为对比分析(相似度分析)

主要研究内容:在不同的故障情况下,两套保护动作信号的对比,包括信息的显示格式、发出和接收内容是否相同、信号之间传输时间上的差异性、上送 MMS 报文的差异性、保护动作 IED 本身的差异(目前在做的故障动作可视化分析,可深层次揭示各保护内部元件动作差异和特征)。

注 1:由于故障类型不同,同一保护对于不同故障类型动作行为存在差异性,因此首

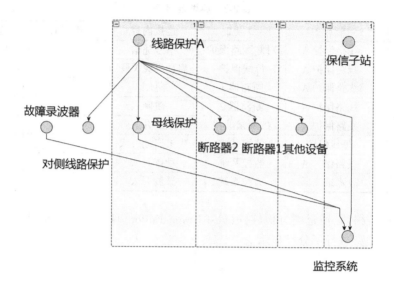

图 2-4　故障动作行为图(一)

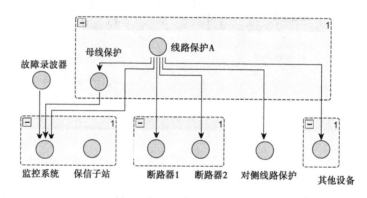

图 2-5　故障动作行为图(二)

先需要对故障情况进行分析,可以考虑的类型包括短路类型(例如接地、相间等),断线,瞬时性还是永久性,金属性还是高阻接地,线路位于联络线还是终端线路,故障首端还是末端等。这些属于经验分类,其他自动分类可以更好地建立动作行为规则库。

注 2:需要研究采用何种相似度的算法更适合这种双重化保护对故障的动作行为分析,比如采用余弦算法,则需要针对动作的典型信息形成一个标准,然后做运算,可采用下面的矩阵方式进行相似度的计算(见表 2-9)。

表 2-9　相似度计算

比较对象	差动动作	距离 I 段动作	零序 I 段动作	启动失灵	发闭锁信号	发远跳
线路保护 1	1	1	0	1	1	0
线路保护 2	1	1	0	0	1	0
线路保护 3	1	1	1	0	1	0

2.2.3 实现方案研究

就数据源而言,上述方案在保信子站做最易实现,因为主要的数据都有,还欠缺的是通信系统和网络系统的数据。另外,监控系统的报文在保信子站是没有的,所以如果想分析故障时保护上送到监控系统的差异性,则需要同时接入保信和监控后台。在保信子站做的问题在于,如果涉及线路保护,其对侧的信息需要联合分析,所以有一定限制。

若上述方案在保信主站做,需要研究目前在保信主站收集的信息是否全面。在保信主站做的最大好处是各个站的数据都可以取得,对于保护系统的分析更全面,涉及多个站复杂故障的行为分析更有效。另外,可以将调度系统的信号接入进行分析,可以进行调度自动化系统的报文分析,同时也存在对于监控系统的数据不能取得,而无法对监控报文分析的问题。

2.2.4 研究方案

利用故障信息进行上述研究,需要大量数据进行分析和训练。主要考虑两种方式:仿真数据和现场数据。

2.2.4.1 仿真数据

由于目前有些学者的仿真 IED 动作信息和现场还有较大差异,所以不能直接用。考虑到编者以前利用学校的 DDRTS 仿真系统开发过继电保护仿真案例库,有一些仿真案例,可以进一步根据研究的需要进行大量的接入实际保护设备的测试,需要老师和一些同学进行测试和记录相关数据。

2.2.4.2 现场数据

现场数据拟收集某个区域的多个变电站的录波和保护数据、监控系统数据以建立模型。现场投运前变电站的调试可以让老师们参与直接收集调试的相关数据。

2.2.4.3 步骤

首先是直接相关数据的可视化,这部分容易实现,可通过可视化分析发现一些特征。其次是建立智能分析算法,并进行训练,建立典型动作行为库。最后是收集其他故障进行异常行为分析和检测。

2.3 智能变电站调试常见故障现象分析及处理

2.3.1 智能变电站交流回路检查

2.3.1.1 交流电流、电压回路检查

现阶段智能变电站的一次设备尚不具备很高的数字化、智能化水平,所用断路器、隔离开关、变压器、电容器、电抗器等基本与常规站相同,很大一部分采样、控制、监测功能目前由二次设备完成。目前智能变电站一次设备智能化主要体现在电子互感器上。电子互感器具有优良的性能,采用光纤点对点或组网的方式传输数据,很好地适应了智能变电站信息数字化、通信平台网络化、信息共享标准化的发展需求。

常规互感器和电子互感器相比较,具有以下特点:①绝缘结构复杂,体积笨重,造价高。②电磁干扰严重。③采用油浸纸绝缘,易燃、易爆不安全。④SF$_6$气体的派生物容易给人体健康带来危害。⑤电流互感器(CT)线性度低,短路时短路电流的非周期分量容易使 CT 铁芯饱和。⑥电压互感器(PT)可能出现铁磁谐振,损坏设备。电子互感器能解决上述问题,而且电子互感器二次输出在误开路的情况下,不会对一次设备造成高压伤害;但电子互感器也存在供能模块故障率高、易受震动影响、寿命偏短等缺点,导致运行稳定性比常规互感器偏低。

目前智能变电站缺陷数量较常规变电站仍然偏多,其原因主要在于二次设备采用了新的数据传输方式和软件,增加合并单元、智能终端和交换机等设备,采用电子互感器等新技术,就地布置使二次设备运行环境恶化等。以上因素共同作用使得智能变电站二次系统运行稳定性受到一定的影响。

合并单元是电流、电压回路里重要的装置,是电子互感器、常规互感器的接口装置。合并单元在一定程度上实现了过程层数据的共享和数字化,作为智能变电站间隔层、站控层设备的数据来源,作用十分重要。合并单元是将一次互感器传输过来的电气量进行合并和同步处理,并将处理后的数字信号按照特定格式转发给间隔层设备使用的装置。

目前阶段,智能变电站的电流互感器大部分仍沿用常规互感器,所以对于常规电流互感器仍和常规站要求一致。一次绕组以母线为极性端,所有电流互感器应保持这个原则。智能变电站电流回路接入保护装置有两种情况:一种是电流模拟量经合并单元采集后,输出数字量至保护装置;另一种是电流模拟量直接接至线路保护装置(500 kV 电压等级),模转数的功能由线路保护自身完成。两种方式均以正极性接入保护装置,若保护需反极性接入,例如 220 kV 母线保护装置 BP-2C 和 CSC-150,BP-2C 要求母联断路器电流互感器极性在 II 母侧,CSC-150 要求母联断路器电流互感器极性在 I 母侧,此时母联电流互感器接入母联合并单元时,均正极性接入,反极性回路由电流虚端子配置时完成。双母线一次主接线如图 2-6 所示。

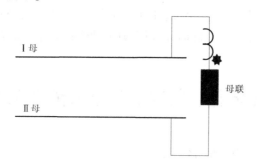

图 2-6 双母线一次主接线

表 2-10 为双母线、单母线、单母分段和双母双分段接线母线保护装置虚端子表,其中母联或者分段间隔接收软压板的虚端子同主变压器、线路间隔相比,多了电流的反极性端子输入。如图 2-6 所示的母联电流互感器一次绕组极性端为靠 II 母侧,所以对于 BP-2C 母线保护装置,母联的电流应从合并单元(A 套)接至 BP-2C 虚端子电流的"正"位置;而对于 CSC-150 母线保护装置,母联的电流应从合并单元(B 套)接至 CSC-150 虚端子电

流的"负"位置。

表 2-10　母线保护装置虚端子表（部分）

序号	信号名称	软压板	引用路径	备注
1	母联 MU 额定延时		—	
2	母联保护 A 相电流 I_{a1}（正）		—	
3	母联保护 A 相电流 I_{a2}（正）		—	
4	母联保护 B 相电流 I_{b1}（正）		—	
5	母联保护 B 相电流 I_{b2}（正）		—	
6	母联保护 C 相电流 I_{c1}（正）	母联间	—	
7	母联保护 C 相电流 I_{c2}（正）	隔接收	—	支路 1
8	母联保护 A 相电流 I_{a1}（负）	软压板	—	
9	母联保护 A 相电流 I_{a2}（负）		—	
10	母联保护 B 相电流 I_{b1}（负）		—	
11	母联保护 B 相电流 I_{b2}（负）		—	
12	母联保护 C 相电流 I_{c1}（负）		—	
13	母联保护 C 相电流 I_{c2}（负）		—	
14	主变 1MU 额定延时		—	
15	主变 1 保护 A 相电流 I_{a1}		—	
16	主变 1 保护 A 相电流 I_{a2}	主变 1 间	—	
17	主变 1 保护 B 相电流 I_{b1}	隔接收	—	支路 2
18	主变 1 保护 B 相电流 I_{b2}	软压板	—	
19	主变 1 保护 C 相电流 I_{c1}		—	
20	主变 1 保护 C 相电流 I_{c2}		—	

　　对于电压回路，电压合并单元是关键的元件。要求智能变电站母线合并单元可接收 3 组电压互感器数据，并支持向其他合并单元提供母线电压数据，根据需要提供电压并列功能。各间隔合并单元所需母线电压量通过母线电压合并单元转发。对于双母线接线，两段母线按双重化配置两台母线电压合并单元。每台合并单元应具备 GOOSE 接口，接收智能终端传递的母线电压互感器刀闸位置、母联刀闸位置和断路器位置，用于电压并列；对于双母单分段接线，按双重化配置两台母线电压合并单元，含电压并列功能（不考虑横向并列）；对于双母双分段接线，按双重化配置四台母线电压合并单元，含电压并列功能（不考虑横向并列）；用于检同期的母线电压由母线合并单元点对点通过间隔合并单元转接给各间隔保护装置。

2.3.1.2 合并单元常见的故障报文

1. 直流消失

信息含义:合并单元电源异常,无法向保护装置、测控装置等发送交流采样。

异常原因:直流分电屏小开关跳闸、直流电源回路螺丝松脱、装置电源插件损坏等。

处理方法:观察合并单元"运行"指示灯是否正常,屏后直流电源空气开关是否跳闸,由装置背板至直流分电屏用万用表测量直流回路。

2. 运行异常

信息含义:合并单元出现异常,可能对交流采样功能造成影响。

异常原因:合并单元任何故障均点亮此光字牌。

处理方法:在监控后台和保护装置查看告警间隔各交流采样值是否正常,在对应的保护装置和监控后台查看相关的告警信息,使用网络分析仪或手持报文,分析终端查看装置GOOSE组网光纤(或备用GOOSE组网光纤接口)发出的GOOSE报文,确定告警具体原因。

3. 对时异常

信息含义:合并单元GPS或北斗对时异常。

异常原因:卫星对时装置异常或对时回路异常。

处理方法:查看监控后台,如同时有多个间隔发对时异常告警,则查看卫星对时装置运行状态是否正常;如只有单个装置发对时异常告警,则该装置对时回路可能存在异常。

4. SV总告警

信息含义:合并单元接收母线电压合并单元SV链路异常。

异常原因:合并单元接收母线电压合并单元SV链路中断、采样无效、抖动等异常。

处理方法:在监控后台及网络分析仪上查看具体告警信息,确定告警光纤回路和具体原因,可使用激光笔或光功率计检查光纤回路是否异常。

5. GOOSE总告警

信息含义:合并单元接收智能终端或测控装置GOOSE链路异常。

异常原因:装置GOOSE接收回路出现中断、数据无效等异常。

处理方法:在监控后台及网络分析仪上查看具体告警信息,确定告警光纤回路和具体原因,可使用网络分析仪或手持终端查看装置GOOSE回路报文是否正常。

6. PT切换同时动作/返回

信息含义:合并单元接收智能终端的刀闸位置为Ⅰ母刀闸、Ⅱ母刀闸同时在合位或同时在分位。

异常原因:进行倒母线操作或刀闸位置辅助接点异常。

处理方法:若正在进行倒母线操作,会短时间出现该告警信息。若正常运行时出现该告警信息,查看间隔智能终端刀闸位置指示灯和刀闸实际位置是否一致。

7. 刀闸位置异常

信息含义:合并单元接收智能终端的刀闸双位置接点异常。

异常原因:刀闸位置辅助接点至智能终端开入的二次电缆回路异常。

处理方法:查看间隔智能终端刀闸位置指示灯和刀闸实际位置是否一致,不一致时测量刀闸辅助接点电位是否正确。

2.3.2　智能变电站开关量检查

2.3.2.1　智能终端检查

智能终端作为智能变电站一次设备和二次设备的结合面,同时具备电缆和光纤两种连接方式,用以实现智能变电站断路器、隔离开关、变压器等设备的控制、监视功能。智能终端采用电缆接入的方式输入开关量,同间隔智能终端和保护装置之间采用 GOOSE 点对点通信方式,保护装置直接采样,对于单间隔的保护应直接跳闸,涉及多间隔的保护(母线保护)宜直接跳闸。

2.3.2.2　智能终端常见的故障报文

1. 直流消失

信息含义:智能终端电源异常,无法向保护装置、测控装置等发送直流开出量,也无法接收跳闸报文。

异常原因:直流分电屏小开关跳闸、直流电源回路螺丝松脱、装置电源插件损坏等。

处理方法:观察智能终端"运行"指示灯是否正常,屏后直流电源空气开关是否跳闸,由装置背板至直流分电屏用万用表测量直流回路。

2. 运行异常

信息含义:智能终端出现异常,可能对开关刀闸位置、跳合闸功能造成影响。

异常原因:智能终端任何故障均点亮此光字牌。

处理方法:通过"复归"按钮复归装置告警,如无法复归则在对应的保护装置和监控后台查看告警间隔开关刀闸位置、一次设备监控信息是否正常,在对应的保护装置和监控后台查看相关的告警信息,使用网络分析仪或手持报文分析终端查看装置 GOOSE 组网光纤(或备用 GOOSE 组网光纤接口)发出的 GOOSE 报文,确定告警具体原因。

3. 对时异常

信息含义:智能终端 GPS 或北斗对时异常。

异常原因:卫星对时装置异常或对时回路异常。

处理方法:查看监控后台,如同时有多个间隔发对时异常告警,则查看卫星对时装置运行状态是否正常;如只有单个装置发对时异常告警,则该装置对时回路可能存在异常。

4. GOOSE 总告警

信息含义:智能终端接收保护装置或测控装置 GOOSE 链路异常。

异常原因:智能终端 GOOSE 接收回路出现中断、数据无效等异常。

处理方法:在监控后台及网络分析仪上查看具体告警信息,确定告警光纤回路和具体原因,可使用网络分析仪或手持终端查看装置 GOOSE 回路报文是否正常。

5. 控制回路断线

信息含义:智能终端的控制回路异常。

异常原因:智能终端控制电源失电,控制电源端子排螺丝松动,跳闸位置继电器(TWJ)或合闸位置继电器(HWJ)继电器接点异常等。

处理方法:检查智能终端控制电源空气开关是否拉开、端子排控制电源电位是否正常,以及 TWJ、HWJ 接点电位是否正确。

6. 事故总信号

信息含义:开关在手合或遥合后异常跳闸。

异常原因:开关合闸后因保护动作等原因跳闸。

处理方法:检查开关实际位置是否为分位,保护装置是否动作。对支持程序化控制的变电站可能会造成监控后台遥控的闭锁。

2.3.2.3 智能化装置常见的故障报文

1. 直流消失

信息含义:保护装置电源异常,失去保护功能。

异常原因:直流分电屏小开关跳闸、直流电源回路螺丝松脱、装置电源插件损坏等。

处理方法:观察智能终端"运行"指示灯是否正常,屏后直流电源空气开关是否跳闸,由装置背板至直流分电屏用万用表测量直流回路。

2. 运行异常

信息含义:保护装置出现异常,但保护功能基本正常。

异常原因:保护装置任何故障均点亮此光字牌。

处理方法:通过"复归"按钮复归装置告警,如无法复归则在监控后台或保护装置液晶面板上查看其他告警信息,使用网络分析仪或手持报文分析终端查看装置 GOOSE 组网光纤(或备用 GOOSE 组网光纤接口)发出的 GOOSE 报文,确定保护装置异常告警的具体原因。

3. 装置故障

信息含义:保护装置出现异常,部分保护功能闭锁。

异常原因:SV 链路中断、检修状态不一致、自检出错等。

处理方法:查看装置"运行"指示灯是否正常,通过"复归"按钮复归装置告警,如无法复归则在监控后台及保护装置液晶面板上查看其他告警信息,使用网络分析仪或手持报文分析终端查看装置 GOOSE 组网光纤(或备用 GOOSE 组网光纤接口)发出的 GOOSE 报文,确定保护装置闭锁的具体原因。

4. 保护装置 CPU 插件异常

信息含义:保护装置 CPU 插件板故障。

异常原因:保护装置程序出错、死机、定值错误、存储器出错等。

处理方法:携带对应 CPU 版本的保护 CPU 插件板和试验仪至现场,查看装置"运行"灯是否正常点亮、装置按键是否正常,在保护装置液晶屏处查看具体告警信息。如重启装置需注意,双套配置的间隔重启前应退出故障装置保护功能,打开对应智能终端的跳合闸出口压板;单套配置的间隔需要在停一次设备后重启保护装置。如更换异常的保护 CPU 插件板或芯片,则需在更换后核对或重新输入定值,核对保护版本和校验码与更换前一致,更换后需做整组试验传动。

5. PT 断线

信息含义:保护电压回路断线,闭锁部分保护。

异常原因:交流电压小开关跳闸或交流电压回路异常。

处理方法:在监控后台、网络分析仪查看母线电压及其他间隔电压是否正常,如正常则检查告警间隔合并单元至母线电压合并单元的 SV 光纤回路是否正常(可尝试使用手持报文分析终端查看母线电压合并单元级联来的 SV 采样数据及光纤衰耗);如异常则检查母线电压合并单元是否有装置告警、直流消失等信号,或 PT 小开关是否拉开。

6. 同期电压异常

信息含义:同期判断用的电压回路异常。

异常原因:保护装置同期电压回路异常。

处理方法:在保护装置查看同期电压是否正常,如发现异常则在间隔合并单元端子排测量线路 PT 端子是否有电,如 PT 端子有电则检查合并单元装置配置或工作状态,如 PT 端子无电则检查 PT 二次电缆回路。

7. CT 断线

信息含义:保护电流回路断线,闭锁部分保护。

异常原因:电流回路异常。

处理方法:在保护装置、监控后台和网络分析仪查看告警间隔电流是否正常,如异常则查看合并单元工作状态,并使用钳形电流表测量合并单元电流的二次电缆回路,如正常则检查合并单元装置,如异常则检查 CT 二次回路。

8. 长期有差动电流

信息含义:纵联差动保护装置有长时间不正常的差动电流存在。

异常原因:本侧或对侧保护装置电流回路异常。

处理方法:在保护装置、监控后台和网络分析仪查看告警间隔电流是否正常,如异常则查看合并单元工作状态,并使用钳形电流表测量合并单元电流的二次电缆回路,如正常则检查合并单元装置,如异常则检查 CT 二次回路。

9. CT 异常

信息含义:保护电流采样回路异常,闭锁部分保护。

异常原因:保护装置电流回路异常。

处理方法:在保护装置、监控后台和网络分析仪查看告警间隔电流是否正常,如异常则查看合并单元工作状态,并使用钳形电流表测量合并单元电流的二次电缆回路,如正常则检查合并单元装置,如异常则检查 CT 二次回路。

10. PT 异常

信息含义:保护电压采样回路异常,闭锁部分保护。

异常原因:保护装置电压回路异常。

处理方法:在监控后台、网络分析仪查看母线电压及其他间隔电压是否正常,如正常则检查告警间隔合并单元至母线电压合并单元的 SV 光纤回路是否正常(可尝试使用手持报文分析终端查看母线电压合并单元级联来的 SV 采样数据及光纤衰耗);如异常则检查母线电压合并单元是否有装置告警、直流消失等信号,或 PT 小开关是否拉开。

11. 过负荷告警

信息含义:系统负荷电流超出定值且持续时间达到告警时间。

异常原因:系统负荷电流偏大。

处理方法:密切关注告警间隔并报告调度人员。

12. 管理 CPU 插件异常

信息含义:保护装置管理插件板故障。

异常原因:保护装置管理插件板原件损坏等。

处理方法:携带管理 CPU 插件板至现场,查看装置液晶屏是否正常点亮、装置按键是否正常,在保护装置液晶屏处查看具体告警信息。如重启装置需注意,双套配置的间隔重启前应退出故障装置保护功能,打开对应智能终端的跳合闸出口压板;单套配置的间隔需要在停一次设备后重启保护装置(部分厂家装置可单独重启管理 CPU 板)。

13. 开入异常

信息含义:保护装置开入回路异常。

异常原因:保护装置开入回路断线或长期开入等。

处理方法:在保护装置液晶屏处查看开关刀闸位置、联闭锁量等开入状态与实际是否一致,如发现异常则到对应开出的装置查看其开出状态是否与告警间隔开入一致,开关刀闸位置等开入可在智能终端端子排上测量其位置辅助接点电位是否正确。

14. 电源异常

信息含义:保护装置电源异常。

异常原因:保护装置电源插件板损坏或光耦电源回路异常等。

处理方法:准备电源插件板备件,至现场后检查直流小开关或装置开关是否拉下,随后测量端子排直流电源电压是否正常,如端子排电压正常则更换装置电源插件,如端子排无电则至直流分电屏继续检查。

15. 两侧差动投退不一致

信息含义:本侧和对侧的差动保护功能压板状态不一致,闭锁差动保护。

异常原因:本侧和对侧的差动保护功能压板状态不一致。

处理方法:查看装置差动保护功能压板是否投入,将压板状态通知调度人员。

16. 通道故障

信息含义:保护装置纵联差动通道中断或异常,闭锁纵联差动保护。

异常原因:纵联差动通道异常。

处理方法:检查装置纵联差动通道误码率和通道延迟是否正常,核对装置纵联码是否正确,在装置背板进行自环,如正常则在光纤接口屏处自环以确定故障点。如倒至备用通道,则需在倒换后观察通道误码率和通道延迟,正常后再投入差动保护。

17. 重合方式整定出错

信息含义:保护装置重合闸定值设置出错,闭锁重合闸功能。

异常原因:保护装置重合闸定值、控制字或压板设置出错。

处理方法:将装置重合闸定值、控制字及压板状态与定值单进行核对。

18. 对时异常

信息含义:装置 GPS 或北斗对时异常,采用点对点直接采样的不闭锁保护,采用网络采样的闭锁保护。

异常原因:卫星对时装置异常或对时回路异常。

处理方法:查看监控后台,如同时有多个间隔发对时异常告警,则查看卫星对时装置运行状态是否正常;如只有单个装置发对时异常告警,则该装置对时回路可能存在异常。

19. SV 总告警

信息含义:装置 SV 接收回路异常,闭锁部分保护。

异常原因:装置 SV 接收回路出现中断、采样无效、抖动等异常。

处理方法:在监控后台及保护装置液晶面板上查看具体告警信息,确定异常的 SV 链路后,可在网络分析仪上查看对应合并单元发出的 SV 报文是否存在质量位异常等情况,并检查合并单元的工作状态。

20. GOOSE 总告警

信息含义:装置 GOOSE 接收回路异常。

异常原因:装置 GOOSE 接收回路出现中断、数据无效等异常。

处理方法:在监控后台及保护装置液晶面板上查看具体告警信息,确定异常的 GOOSE 链路后,可在网络分析仪上查看对应智能终端或保护装置发出的 GOOSE 报文是否存在数据异常、丢帧等情况,并检查相应智能终端、保护装置的工作状态。

21. SV 采样数据异常

信息含义:SV 数据出现异常而不可用,闭锁保护。

异常原因:合并单元、保护装置异常或配置错误,SV 链路出现抖动、飞点、延时异常、数据超时、解码出错或采样计数器出错等。

处理方法:准备对应接口的尾纤至现场,在装置液晶面板上查看 SV 链路状态及异常报文统计情况,使用网络分析仪或手持报文分析终端查看对应合并单元发送的 SV 报文质量位是否正常,查看合并单元的工作状态。

22. SV 采样链路中断

信息含义:SV 链路物理中断,该链路所有通道数据无法传输,闭锁保护。

异常原因:光纤损坏、光纤头污损、光纤法兰质量不合格、光纤熔接工艺不过关等引起的通道中断或光功率下降。

处理方法:准备对应接口的尾纤至现场,使用光功率计或激光笔在保护装置背板、光纤配线架和合并单元处测试异常的光纤回路,以确定故障点位于尾纤还是光缆,更换异常的尾纤或倒至光缆备用芯后观察保护装置 SV 链路状态,保持正常一段时间后再投入保护功能。

23. GOOSE 数据异常

信息含义:GOOSE 链路通信出错,一般包括数据超时、解码出错、采样计数器出错,该链路所有通道数据无效,不闭锁保护。

异常原因:光纤回路异常,智能终端、保护装置异常或配置错误。

处理方法:准备对应接口的尾纤至现场,在装置液晶面板上查看 GOOSE 链路状态及异常报文统计情况,使用网络分析仪或手持报文分析终端查看对应智能终端或保护装置发送的 GOOSE 报文是否正常,查看对应智能终端或保护装置的工作状态。

24. GOOSE 链路中断

信息含义:GOOSE 链路通信出错,一般包括物理中断、数据超时、解码出错、采样计数器出错,该链路所有通道数据无效,不闭锁保护。

异常原因:光纤损坏、光纤头污损、光纤法兰质量不合格、光纤熔接工艺不过关等引起的通道中断或光功率下降。

处理方法:准备对应接口的尾纤至现场,使用光功率计或激光笔在保护装置背板、光纤配线架和合并单元处测试异常的光纤回路,以确定故障点位于尾纤还是光缆,更换异常的尾纤或倒至光缆备用芯后观察保护装置 GOOSE 链路状态,保持正常一段时间后再投入保护功能。

25. 检修状态(检修不一致)

信息含义:装置的检修压板投入,当检修不一致时闭锁保护或出口。检修压板设置情况如表 2-11 所示。

异常原因:装置的检修压板投入。

处理方法:核对投入检修压板的设备是否造成其他正常运行设备保护闭锁。

表 2-11　检修压板设置情况

序号	合并单元检修状态	智能终端检修状态	保护装置检修状态	装置行为
1	○	○	○	保护动作,智能终端出口,开关跳开
2	●	○	○	保护不动作
3	○	●	○	保护动作,智能终端不出口,开关不跳
4	○	○	●	保护不动作
5	●	●	○	保护不动作
6	●	○	●	保护动作,智能终端不出口,开关不跳
7	○	●	●	保护不动作
8	●	●	●	保护动作,智能终端出口,开关跳开

注:●为检修压板投入,○为检修压板打开。

2.3.3　智能变电站常见故障设置

2.3.3.1　SCD 常见故障设置

给出 SCD 文件,找出其错误。如图 2-7 所示为 SCD 一次主接线图。

需专用配置工具打开给定的 SCD 文件。SCD 常见的故障设置有:

(1)History 未配置。

(2)Communication 设置中,GOOSE 网错误设置为 SMV(通信类型错误)。

(3)IP 地址,MAC 地址,APPID、GOID、SMVID 参数设置错误或重复冲突。

(4)虚端子连线配置的 SV 采样值配置,例如双 AD 遗漏一个,电压回路相序交叉配置,线路保护装置漏配置同期电压(线路 PT),某合并单元漏配置额定延时,主变保护高

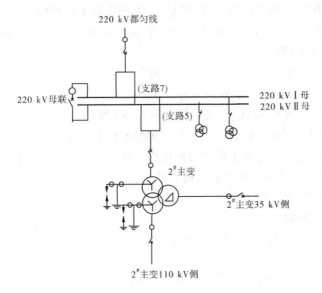

图 2-7　SCD 一次主接线图

压侧间隙电流接入中压侧合并单元零序电流。

（5）虚端子连线配置的 GOOSE 配置。例如线路保护装置 C 开关位置接错为 B 相;母线保护用支路 1 跳闸跳主变高压侧智能终端,应该用支路 5 跳闸(错配);线路保护的重合闸错连到智能终端的 A 相重合,应连三相重合;母线保护未接入母联智能终端手合开入;主变保护接收母线保护的失灵联跳,开入虚端子错误连接到支路 5 跳闸虚端子,应该连接主变 2 失灵跳三侧;母线合并单元接收母联刀闸 2 位置错接入刀闸 1 位置;主变高压侧合并单元未接刀闸 2 的位置;线路保护三相不一致虚端子应连接智能终端 TJF 开入;主变启母差失灵和主变解母差复压为一个 GOOSE 点开入等。

2.3.3.2　线路保护装置调试故障设置

（1）故障设置:保护装置订阅合并单元——I_{aR}、I_{bR} 负。

故障现象:采样异常,装置闭锁。

（2）故障设置:检修压板虚接。

故障现象:检修硬压板无法投入。

（3）故障设置:保护装置重合闸控制字退出。

故障现象:重合闸无法充电。

（4）故障设置:智能终端跳闸虚端子 TB、TC 连线交叉。

故障现象:整组试验时,测试仪不能正确翻转。保护单跳失败,跳三相。

2.3.3.3　主变保护故障设置

（1）故障设置:SV 配置错误,将高压侧采样 A2 与 C1 调换。

故障现象:采样不对,双 AD 不一致,闭锁保护。

（2）故障设置:低压侧接线方式钟点数改为 5。

故障现象:按照 YD-11 接线方式加入电流无法平衡,无法校验比率制动系数。

（3）故障设置:校验高压侧复压方向过流保护,但低压侧电压投入压板投入。

故障现象:低压侧长期开放高、中压侧复压,复压定值无法校验。

(4)故障设置:2#主变高压侧合并单元 Addr = 01 - 0C - CD - 04 - 00 - 09 改为 Addr = 01-0C-CD-04-00-10。

故障现象:装置配置与 SCD 不一致,高压侧合并单元 SV 断链。

(5)故障设置:高压侧合并单元通道总数33 改32。

故障现象:装置配置与 SCD 不一致,配置错误,SV 断链。

(6)故障设置:中压侧复压过流Ⅰ段2时限跳闸矩阵为0003。

故障现象:中压侧复压过流Ⅰ段2时限保护动作无法测到跳闸出口时间。

(7)故障设置:高压侧 SV 接收软压板未投入。

故障现象:高压侧无采样。

2.3.3.4　母线保护故障设置

(1)故障设置:母联智能终端 MAC 地址错误。

故障现象:母联位置无法开入。

(2)故障设置:1#主变 L5 间隔 CT 变比整定为0。

故障现象:按此加入电流无法平衡,无法计算制动系数。

(3)故障设置:母联分裂运行软压板投入。

故障现象:对于 BP-2C 母线保护装置,制动系数 K 值始终为低值。

✐　2.4　力导向算法的应用

网络图的可视化布局主要有力导向布局、地图布局、圆形布局、聚类布局、层布局等类型。通过各种网络可视化布局技术进行比较,发现智能变电站 IED 之间的连接网络图最适合采用力导向布局这种通用布局方式,它可适应于不同规模的网络,布局交叉小,布局优美。通过性能良好的图布局,可以更有效地描述智能变电站各 IED 的层次分布,发现并揭示各 IED 之间的关联关系、更方便地查找所关心的 IED 的相邻节点,对所有 IED 进行扫视浏览和集合操作等,不同算法的布局其效果差异是很大的。

电力系统网络图的布局方法主要有:模拟退火算法、蚁群算法、力导向算法、动力学算法等。有些文献中采用力导向算法展示输电网均匀接线图,采用蚁群算法展示输电网单线图,采用模拟退火算法展示输电网潮流图,采用聚类算法的电压态势图展示配电网等,因此对于反映 IED 之间的特征和信息挖掘有很好的优势。模拟退火算法和蚁群算法求解时间较长,尽管可采用调整算法参数的方法,但计算耗时问题仍解决不了。当用于需要快速形成图形的场景,则难以被接受,因此需要研究较为快速的图形可视化算法。

力导向算法作为网络系统平面拓扑自动布局的一种流行算法,主要应用在文档布局、UML 用例图和类图、电路图布局(如输配电网图、网络拓扑图、大规模集成电路布局图等)。考虑到后续的网络图布局还需进行图分析和可视化挖掘,采用力导向算法是一种很好的选择。

力导向算法采用 Matlab 进行编程,对某智能变电站 SCD 文件信息流进行了可视化布局与展示。该变电站为主接线为双母线接线的 220 kV 智能变电站,只考虑保护、合并单元、智能终端三种设备,其 IED 数量为 87 个,IED 之间的信息流关系有 277 个,信息流个数与 IED 数量比值为 3.184,采用力导向算法是很合适的。初始化参数为:库仑力系数 $K_r = 1\,000$;斥力的系数 $K_s = 0.01$;位置初始 $L = 20$;位置系数 delta_t $= 100$;迭代次数为 1 000 次。

程序运行结果:图 2-8 是没有采用算法之前的初始位置,初始位置采用随机,所以不能清晰显示各个 IED 之间的关系和连接特点,以及 220 kV 中 A 网设备、220 kV 中 B 网设备、110 kV 设备之间的关系。图 2-9 是采用常规力导向算法的布局结果,常规力导向算法的布局可以展示出各个 IED 之间的联系,不能展示 220 kV 中 A 网设备、220 kV 中 B 网设备、110 kV 设备之间的关系。图 2-10 是改进力导向算法的布局结果,图 2-10 中对于少于 2 个 IED 连接的未进行显示。结果显示,采用了改进力导向算法的 IED 虚端子连接图的边的交叉数、节点分布均匀度明显减少,同时能清晰地揭示双母线的连接特点,揭示 220 kV 中 A 网和 B 网,以及与 110 kV 设备之间的连接关系,以及保护、合并单元、智能终端之间的连接关系和主要节点的连接度等特征信息。其中 GOOSE 信号用虚线连接,SV 信号用实线连接。在此基础上可以进行更多的深入图分析和挖掘,比如:合并单元、智能终端、保护之间的连接关系,以及 500 kV 智能变电站和 110 kV 智能变电站不同接线方式的 IED 连接关系分析,甚至进行动态连接可视化分析。

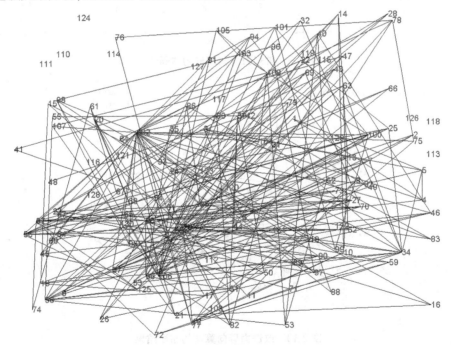

图 2-8　没有采用算法之前的初始位置

为了对比求解时间的长短,在上述试验环境下同时做了基于模拟退火算法的布局仿真。结果见表 2-12。

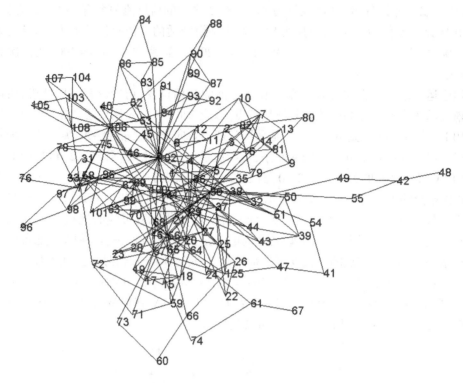

图 2-9 常规力导向算法的布局结果

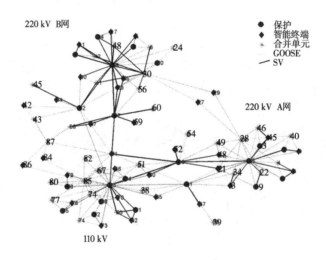

图 2-10 改进力导向算法的布局结果

表 2-12 力导向算法与模拟退火算法求解时间对比

电压等级(kV)	力导向算法求解时间(s)	模拟退火算法求解时间(s)
110	3.282	6.906
220	31.109	70.578
330	68.650	144.687
500	469.141	997.125

结果显示,力导向算法要比模拟退火算法用时少,随着电压等级升高,节点数目增加,两种算法的用时也会增加。

图 2-11 显示了改进力导向算法的边长之和的迭代变化过程,随着迭代次数的增加,边长之和先增加,然后逐渐减小,当迭代 400 次之后,其值趋于稳定。

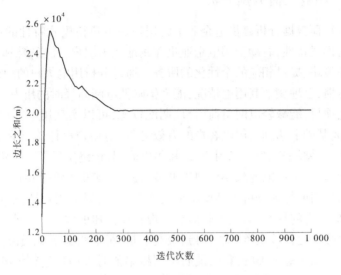

图 2-11　迭代过程中边长之和的变化

图 2-12 显示了改进力导向算法的引力和斥力之和的迭代变化过程,随着迭代次数的增加,引力和斥力之和逐渐减小,当迭代 100 次之后,其值趋于稳定。

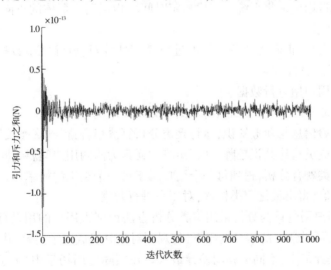

图 2-12　迭代过程中引力和斥力之和的变化

2.5 聚类算法的应用

2.5.1 大用户用电负荷数据分析

大用户用电负荷数据分析是供电企业了解用户用电负荷模式特性的重要方法,研究用户的用电负荷模式特性,有助于用电企业更深刻地认识用户,并能够根据不同的用户群制订相应的市场策略、提供相应的个性化的服务。通过分析用电大户的用电行为,掌握用电大户的用电习惯,合理调节其用电情况,能大幅降低电网高峰时的压力。开展大用户用电行为特征研究项目,能减轻电网负荷,合理调配资源,可以实现用电客户行为特征的智能识别,同时在此基础上达到对用电客户的有效分群,对用户群体施行有序用电,达到以更好的错峰方法和手段来减少错峰用户,缩短停电时间,最终实现了优化资源配置和减少环境污染等目标,并且尽可能地减小全网用电负荷波动,实现电网平稳运行。

可调控大用户用电行为分析模型使用聚类融合技术,以大用户用电负荷数据作为研究对象,探索数据本身的特性,通过先验信息和现有业务知识挑选适合该类数据特征的聚类算法集合。再分别运行该聚类算法,得到聚类成员,最后将聚类成员融合成一组聚类,得到每一个大用户属于每一类的概率,最后根据概率值对大用户进行划分。该方法较一般聚类分析方法得到的用户用电负荷数据分类结果稳健可靠,对数据结构变化敏感度低,且分类效果佳。

可调控大用户用电行为聚类分析模型采用如下技术路线:

(1)抽取来自用电采集系统数据库指定时间段指定用户群体的正向有功负荷数据及正向无功负荷数据。

(2)对正向有功、正向无功负荷数据进行规范性校对:删除冗余数据,检查与修补异常数据,同时填补缺失数据。

(3)标准化用户用电量数据。

(4)使用正向有功、正向无功负荷数据计算用户用电量数据。

(5)结合先验信息与业务知识,运行聚类分析算法集合,得到聚类成员。

(6)将聚类成员构建共识矩阵,共识矩阵中元素为两两用户间属于同一类的概率。

(7)进行聚类融合分析,得到每一个用户属于每一个类别的概率。

(8)设定阈值,得出最终聚类标签,对用户进行归集。

可调控大用户用电行为分析采用聚类分析方法识别大用户的用电行为,该模型算法能够在没有任何可供学习的信息情况下,将观测对象分组成多个类簇,并且实现同一个类簇中各个对象差异最小、不同类簇间差异最大。在实际应用场景中,由于受到数据类型、聚类数目及速度等因素的影响而提出了不同的聚类算法,常用的有层次聚类、划分聚类和密度聚类。在层次聚类中,每一个对象自成一类,这些类每次两两合并,直到所有的类被聚成一类。在划分聚类中,首先指定类的个数 K,然后对象被随机分为 K 类,再重新形成聚合的类,如 K-Means、K 中心点、CLARANS 等。基于密度的划分根据区域中观测点的密度来对数据进行划分,只要一个区域中观测点的数目超过某个阈值,就继续增长给定的簇,该方法可以把一个对象集划分成多个互斥的簇或簇的分层结构。目前,聚类分析算法较多,然而单一的算法难以获得较高的聚类准确性,因此本次模型采用聚类融合分析的技术路线,聚类融合方法将不同算法或同一算法下使用不同参数得到的结果进行合并,得到比单一算法更为优越的结果。聚类融合算法的技术路线如下:先对数据集进行 N 次聚类操作,产生数据集的 N 个聚类成员,然后对这 N 个聚类成员进行融合,得到最后的聚类结果。

运用大用户用电行为分析模型,对大客户的用电特征进行深入挖掘分析,将大客户分为不同的类型,并以分类结果和实际业务情况为依据,对可调控用户采取相应的政策,实现电网负荷的平稳运行。

2.5.2　基于大数据平台下的抢修效率分析

传统的抢修效率分析仅以多维度下的均值统计方式进行计算,需要业务人员事先做好不同抢修环节下抢修效率的假设或判断,然后运用统计分析的方法来计算分析。构建故障抢修效率模型,有利于抢修效率标杆合理化和多样化,并促进抢修效率的提升。

基于大数据平台下的抢修效率分析,基于故障抢修数据、抢修过程数据,通过聚类算法对故障进行细分,寻找多维度下(如标准类型、设备大类、电压等级、故障五级分类、设备聚类)不同抢修环节的标准用时,并以离线计算出区域、驻点的月度故障统计信息、抢修未达标归因分析等。与业务部门开展的均值统计方式相比,基于大数据挖掘模型的聚类分析方式,能够提升抢修效率标杆评估的合理性及多样性。

K-Means 聚类分析:根据数据的内在特性,将数据划分为若干独立分组,使得每组内部成员之间相似性较大,而和其他组成员之间相似性较小。

某省电力公司运用聚类算法构建抢修效率分析模型,建设实时监测、抢修分析场景,提高了故障抢修管理水平,缩短了故障停电时间,提升了抢修工作效率。

2.5.3　运用聚类算法构建负荷特性分析模型

电网营销部门希望通过对用电客户的精确划分,对不同类别的客户提供针对性的服务,以此减少投诉率并提高电费回收率和客户忠诚度。负荷特性分析是指根据用户的历史用电负荷数据,对用户群进行聚类,识别出用电负荷行为模型一致或相近的用户群组。其中,主要是从时间、高低压用户、行业及用电类别四个维度对四川省的负荷分布情况进行分析。根据负荷使用情况及行业分类用户群,针对不同用户群制定不同服务方案,并进行供电保障。

为了针对不同类型的用户提供更加个性化的服务,电网公司一直在积极寻找科学合理的方法来划分不同类型的用电客户。用户负荷特性分析主要是基于用户的用电行为,结合所属区域、行业属性、用电负荷等数据,利用 Canopy+K-Means 聚类算法,寻找用户类别与用电负荷及行业、区域的关系,从而实现对用户类型的划分。与传统的负荷特性分析方法相比,基于大数据挖掘技术的负荷特性分析,实现了不同区域、不同行业、不同类型用户类型细分,而且对于海量用户数据的聚类采用分布式聚类的方法,大大提高了运行效率,分布式聚类算法处理效率较传统聚类算法处理效率提升 30% 以上,分类结果的精准性提升5%左右。

2.5.3.1　K-Means 聚类分析

根据数据的内在特性,将数据划分为若干独立分组,使得每组内部成员之间相似性较大,而与其他组成员之间相似性较小。

2.5.3.2　Canopy 算法

Canopy 算法主要分为两个阶段:阶段一,通过使用一个简单、快捷的距离计算方法把数据分为可重叠的子集,称为"Canopy";阶段二,通过使用一个精准、严密的距离计算方法来计算出现在阶段一中同一个 Canopy 的所有数据向量的距离,最终通过迭代计算得到各类别。

某省电力公司运用聚类算法构建负荷特性分析模型,建设负荷特性分析场景,帮助营销部门分类不同用电客户,对个性化服务的定制提供科学合理的决策支持。

第 3 章 可视化挖掘分析在智能变电站中的应用研究

可视化挖掘分析主要应用于海量数据关联分析,可辅助人工操作将数据进行关联分析,并做出完整的分析图表。在海量数据关联分析中,由于所涉及的信息比较分散、数据结构有可能不统一,而且通常以人工分析为主,加上分析过程的非结构性和不确定性,所以不易形成固定的分析流程或模式,很难将数据调入应用系统中进行分析挖掘。借助功能强大的可视化数据分析平台,可辅助人工操作将数据进行关联分析,并做出完整的分析图表。图表中包含所有事件的相关信息,也完整展示数据分析的过程和数据链走向。同时,这些分析图表也可通过另存为其他格式,供相关人员调阅。

可视化挖掘分析将新的计算和基于理论的工具与创新的交互技术和视觉表示相结合,以实现人类信息话语。工具和技术的设计基于认知、设计和感知原则。这种分析推理科学提供了推理框架,人们可以构建战略和战术可视化分析技术,用于威胁分析、预防和响应。分析推理对于分析师应用人类判断以从证据和假设的组合得出结论的任务至关重要。可视化分析与信息可视化和科学可视化有一些重叠的目标和技术。对这些领域之间的界限没有明确的共识,但从广义上讲,这三个领域可以区分如下:

(1)科学可视化处理具有自然几何结构的数据。

(2)信息可视化处理抽象数据结构,例如树或图。

(3)可视化分析尤其涉及将交互式可视表示与基础分析过程(例如统计过程、数据挖掘技术)耦合,使得可以有效地执行高级复杂活动(例如感觉制作、推理、决策制定)。

现代社会人们构建了大量的网络系统, 如计算机网络、物联网、通信网络、交通网络、电力网络、商业和金融网络及社会关系网络等。这些网络不但节点和连线数量众多、结构复杂, 而且其拓扑和属性也会随时间发生变化。大量网络系统在提高人们生产效率和生活质量的同时也带来很多危害, 如网络病毒传播、电力网络故障引起的大面积停电, 通信系统中断引起的交通系统瘫痪等。因此, 对这些网络进行有效的分析和干预成为重要的科学问题, 而结合可视化技术的网络数据分析也成为解决该问题的主要途径。早期相关研究主要以静态网络为研究对象, 而大多数网络数据本质上具有动态特性, 即节点和连线的数量与属性等信息随着时间发生改变。时间维度的增加导致网络数据规模迅速增加、网络结构和属性不断变化, 这都给可视化分析技术提出更多的挑战。

智能变电站信息通过大量的 IED 完成采集、监视、控制、保护等任务。这些 IED 众多,相互之间都有信息联系,智能变电站 SCD 文件描述了智能变电站所有 IED 的实例配置和通信参数信息、IED 之间的联系信息(虚端子连接信息)。根据 IED 之间的虚端子连接,可构成虚端子连接网络;IED 之间通过光纤连接构成物理连接信息网络,相关物理光纤及交换机的连接关系可通过设计图得到,并进行可视化;另外,IED 在运行过程中,无论正常运行还是故障时,相互之间的通信信息构成在线网络信息关系图。分析和研究以上三种信息网络具有很好的应用价值。

智能变电站 IED 信息可视化中应用最多的是对虚端子连接关系的可视化,目前已经有许多虚端子可视化工具显示虚端子的连接关系,但更多的是基于单个 IED 的虚连接可视化,或者局部间隔 IED 的布局。在这两种可视化布局的基础上,可进行二次安全措施可视化,二次设备网络图的自动可视化布局研究在电力系统中已经有广泛的应用,但主要集中在变电站各种接线图的自动化布局、输电网的各种接线图布局、配电网络图的可视化布局。用于智能变电站的 IED 之间信息流连接的图可视化布局和图分析技术研究目前开展很少。

网络可视化技术作为一类重要的信息可视化技术,充分利用人类视觉感知系统,将网络数据以图形化方式展示出来,快速直观地解释及概览网络结构数据,一方面可以辅助用户认识网络的内部结构,另一方面有助于挖掘隐藏在网络内部的有价值信息。但目前智能变电站二次 IED 在线监测系统的可视化主要侧重于 IED 的监测信息显示,对于通过网络图布局揭示相关的连接特征考虑得还不足,智能变电站 IED 之间的连接信息可视化手段难以展示 IED 之间的连接关系特征,也不能揭示网络的节点特征和节点之间的连接关系特征,比如不能从布局图直接分析出整个 IED 连接网络图是稀疏还是稠密、哪些 IED 连接数目多、哪些 IED 连接聚成一个网络群、双重化的 IED 之间是否有连接、不同类型 IED 间的连接层次关系等。

网络可视化涵盖了其涉及的所有常见任务,如检索值、筛选、计算派生值、查找极值、排序、确定属性值范围、刻画分布、发现和揭示关联、查找相邻节点、扫视浏览和集合操作等。在可视化布局的基础上,通过网络图的图过滤、排序、查找、图计算、可视化交互,可以进一步进行智能变电站虚端子网络、光纤物理网络等不同 IED 连接关系、连接特点、可视化交互等高级应用。

网络图的可视化布局主要有力导向布局、地图布局、圆形布局、聚类布局、层布局等类型。通过对各种网络可视化布局技术进行比较,发现智能变电站 IED 之间的连接网络图最适合采用力导向布局这种通用布局方式,它可适用于不同规模的网络,布局交叉小,布局优美。通过性能良好的图布局,可以更有效地描述智能变电站各 IED 的层次分布,发现并揭示各 IED 之间的关联关系,更方便地查找所关心的 IED 的相邻节点,对所有 IED 进行扫视浏览和集合操作等,不同算法的布局其效果差异是很大的。

电力系统网络图的布局方法中主要有模拟退火算法、蚁群算法、力导向算法、动力学算法等。采用力导向算法展示输电网均匀接线图,采用蚁群算法展示输电网单线图,采用模拟退火算法展示输电网潮流图,采用聚类算法的电压态势图展示配电网等,因此对于反映 IED 之间的特征和信息挖掘有很好的优势。模拟退火算法和蚁群算法求解时间较长,尽管可采用调整算法参数的方法,但计算耗时问题仍解决不了。当用于需要快速形成图形的场景时,则难以被接受,因此需要研究较为快速的图形可视化算法。

力导向算法作为网络系统平面拓扑自动布局的一种流行算法,主要应用在文档布局、UML 用例图和类图、电路图布局,如输配电网图、网络拓扑图、大规模集成电路布局图等。考虑到后续的网络图布局还需进行图分析和可视化挖掘,采用力导向算法是一种很好的选择。

 # 3.1　智能变电站继电保护自动化故障信息可视化分析

3.1.1　继电保护故障信息的诊断和可视化现状分析

目前,继电保护的故障诊断和分析研究技术内容包括利用故障录波数据进行挖掘和分析、隐性故障分析、保护动作分析(主要进行故障点判断、保护正确动作与否判断)、保护逻辑可视化分析等。上述研究和分析主要还是基于对故障时与故障直接相关的保护是否误动或者拒动考虑,分析结果作为调度员和运行人员的辅助判断依据、保护动作逻辑的分析依据。

3.1.1.1　故障信息诊断

继电保护相关的故障信息诊断相关研究论文较多。这些文献主要致力于解决故障点查找和原因分析,重点为快速分析故障,为调度人员提供快速有力的决策。

3.1.1.2　继电保护故障信息可视化

目前的继电保护故障信息可视化主要考虑装置的动作过程可视化,基于故障录波,将保护内部动作逻辑进行协同可视化,这样便于更好地进行保护动作过程的可视化分析,许继集团有限公司、南京南瑞继保电气有限公司等厂家做得比较好,并有一些论文发表。国家电力调控中心也有考虑实现通用的保护动作过程(逻辑)可视化分析。

基于保护故障信息的综合查看和展示目前集中于保信主站,集成了保护录波、故障录波器录波、故障分析、故障简报、波形可视化分析等功能。但利用大量的故障波形开展数据挖掘目前应用不多,进行图分析和可视化建模还未见到。

保护状态的显示在调度段也是独立地针对某个单一装置,基于全网的保护状态显示及分析目前做得很简单。

3.1.1.3　继电保护隐性故障分析

继电保护隐性故障分析和查找目前有一些研究,研究侧重点在二次回路或者一些动作逻辑等。

3.1.1.4　基于大数据的保护系统数据分析和挖掘

目前已有大数据技术在继电保护领域的研究和应用,其主要是保护数据专业来源,包括设备出厂,检测试验参数,运维,保护内部管理数据——自描述信息。建立起保护设备家族型号聚类建模方法,以试图分析和挖掘出保护家族性缺陷。

思考1:大数据应用考虑保护在不同区域的应用、故障率,与某些安装单位、运维单位区域多个方面的分析。

思考2:故障特征分析,可通过聚类、多种故障类型、不同厂家保护反应情况或者原理进行挖掘。

3.1.1.5　问题的思考

在实际工作中,一些故障发生后,由于主保护动作后很快切除故障,大多数时候本装置后备保护不会动作,相邻的远后备会启动,但不到出口动作时间,这些后备保护测量元件一般均会动作,包括一些方向元件;同时差动保护也会经历区外故障检验。因此,故障不仅检验主保护,对于后备保护也同样检验。对于测量元件是否配合及其安全裕度等并未可知,因此设置一些保护测量元件输出,对于评估保护安全性是很有实际意义的。

可行性方面:目前可视化信息标准制定中,保护动作可视化,可以更好展示内部逻辑,也可以输出有关信息,基于故障信息管理系统的数据完善,可以充分利用主站和子站(收集有关信息)、智能变电站信息的全面性,进行数据挖掘,为智能变电站二次系统和在线监测系统的结合、故障录波数据和网络分析数据的结合、广域保护信息的结合提供条件。站域和广域保护相关信息需要开放保护内部的测量元件计算结果,既可以构成本地系统,也可以构成广域保护。关键动作信息、测量元件信息可以输出,也可记录。

3.1.2 继电保护故障信息的图分析和可视化建模思考

3.1.2.1 图数据源分析

进行继电保护系统安全裕度评估可以利用的数据源包括故障录波器、保护装置、网络分析仪、保信子站和主站、监控系统、故障测距系统等。

1. 故障录波器

故障录波的数据是故障信息分析最重要的依据,其记录了全站的主要故障数据,精度比保护更多,同时还考虑了各种开入信息。这些信息可以直接利用,但一些中间信息可能需要进行处理才可以应用。因为波形数据是不能直接用于图分析的,除非是进行多图协同分析,可以将波形图作为一个辅助。如果需要将波形所含有的信息整合到图中,利用图分析的技术进行分析的话,可以将波形进行一些数据分析和挖掘后再进行建模处理,比如分析一段或者多个波形的故障启动时间、最大故障电流等。

2. 保护设备

保护的信息包括了保护动作的报文、记录的保护波形,相对于故障录波器,其对保护动作的信息更加全面和丰富,是直接分析和掌握保护动作行为的第一手资料。

除动作信息外,保护的工作日志也是可以利用的,如保护的通信状态日志、保护操作日志、异常日志、开入开出日志等,这些对于进行态势感知和大数据分析也是有用的数据。

3. 监控系统

监控系统有关一次设备的信息对于故障分析的图可视化是非常有用的,如果进行图分析是基于多类型的图分析—— 一、二次设备协同的多图分析,则需要在建模时考虑相关的信息,比如当时的潮流状态、电网运行方式、开关状态等。

4. 保信子站和主站

从体系架构上讲,保信子站和主站的基础数据都是从保护和故障录波器采集的,但由于集中在一起,所以在保信主站侧进行图分析和可视化是最为方便的,也是最容易实现的。目前在保信主站已经有一些高级应用,如故障诊断、故障简报、基本的统计分析等功能,可以利用其进行图分析和可视化的高级分析。

5. 故障测距系统

故障测距系统的数据主要是对故障点的测距,其可以作为一个较为标准的数据源,其他的分析可以用它作为参考。

6. 设计图纸和定值信息

设计图纸的跳闸矩阵、定值的跳闸矩阵等可以直接作为跳闸出口联系的可视化。

3.1.2.2　图建模和分析处理

继电保护故障信息图分析和可视化系统的建模主要考虑的网络建模包括以下几个。

1. 节点

图分析的节点对象包括：各类保护设备（属性可以包括保护类型、厂家、安装年代等）、具体的保护元件（例如距离元件、零序元件，在进行整定或者后备保护相关可视化分析时可以采用）、一次元件（主变、母线及断路器等，在进行一、二次协同分析及可视化时需要考虑）、通信设备（在涉及通道问题分析时考虑）。其他辅助控制系统，例如电厂的一些控制设备、安控系统等，在涉及这些设备时需要将它们作为分析节点。

与故障有关的量，如故障类型、异常类型等，在进行有关关联分析可视化图时可以考虑作为节点。另外，日志类的各种异常等也可以考虑作为节点。将信号及日志进行聚类分析形成类节点作为图形的可视化节点。

2. 连接

（1）保护之间的连接：线路保护之间的通道关系建立起来的连接，线路和母线保护通过失灵启动闭锁重合闸建立起来的连接，母线保护和主变通过失灵及解除复压闭锁建立起来的连接，备自投联调或者闭锁建立起来的连接，断路器保护失灵建立的连接。除在通道及相互闭锁逻辑建立的连接外，通过一次断路器间接的连接也可以考虑，例如两个保护都要作用于某个断路器。

（2）保护、断路器之间的连接：由于保护主要通过断路器控制起到切除、隔离故障的作用，所以图分析的节点为保护和断路器这两种不同类型时，对于分析保护动作行为和断路器动作行为及协调关系时就很有用，其可以在保护之间连接图的基础上加入断路器节点，这样哪些保护通过断路器作用在一起也会比较清晰，包括一些跳闸控制矩阵产生的问题，通过这个图可以得到很好的分析和问题挖掘。

（3）保护、断路器及其他控制系统的连接：对于发电厂而言，由于其保护控制的对象节点不仅是断路器，可能是作用于励磁系统、关导水叶、关气门、启动厂用快切等，所以如果进行涉及电厂的故障信息图分析，则需要将这些节点及相应的连接关系包括到图中。

（4）保护和一次主接线的连接：将主变、线路、母线、电容器、刀闸等一次设备考虑后进行保护和一次系统协同分析，但采用此种方式集中在一张图中的话，可能会极大增加图分析和可视化难度，造成"维灾难"。可能难以分析出需要的信息，展示出有用的可视化信息。因为保护本身之间的各种逻辑连接已经较为复杂，一次系统本身也有连接，且相互元件也有操作闭锁逻辑，所以如果考虑连接关系或者节点过多会产生一些问题。解决方法首先是保护之间的图和一次主接线图分别建模，采用多图联动方式进行交互式挖掘；其次是对联合图进行简化，先通过数据预处理和图过滤技术，筛选或者过滤与故障系统无关的节点和连接，再进行可视化分析和挖掘。

采用一次主接线和保护连接信息分层可视化布局是一种可以考虑的模式，当然可以采用底图直接用一次主接线图的方式，或者三维模式。

（5）保护日志及其他因为信息发送和接收，在源地址和目标地址之间形成的连接，主要考虑有关通信方面的图分析和可视化。

（6）其他分析结果形成的连接：例如某些保护功能都能反应相间故障，则这些保护通过相间故障连接起来，一些反应接地故障，则通过接地故障连接起来；另外还有经过一些函数运算或者分析形成的连接，例如相关性构成的连接等。

3. 图布局模式

根据不同的分析任务采用不同的图布局模式，节点连接图是最常用的模式，根据情况可以采用力导向布局、树图、决策树、圆形布局、层次布局、多图布局、三维布局等方式。

3.1.2.3 跳闸矩阵图建模和可视化分析

跳闸矩阵图建模和可视化分析节点见表3-1，示例见表3-2。

表3-1 节点表

字段名称	字段说明	举例	字段类型	说明
Relay	功能名称	差动保护	文本	差动(1#主变)
Protection	保护设备	发电机保护	文本	1#发电机
DevName	一次设备	断路器、变压器		
Dev	间隔类型	发电机、变压器		

表3-2 示例节点表

编号	标签	类型	电压等级(kV)	公司	ABD
	×××合并单元	合并单元	220	南自	A
pzb1b	1#主变	保护	220	许继	B
PM1101	110 kV 母差	保护	110	南瑞	D

跳闸矩阵图建模和可视化分析连接见表3-3，示例见表3-4。

表3-3 连接表

字段名称	字段说明	举例	字段类型	说明
Source	源目标名称	Function	文本	发送的 IEDName
Target	目标名称	DevName	文本	接收的 IEDName
Label	连接描述	跳闸、发信、解列等	文本	
Type	连接方向	分为 directed 有向、undirected 无向		
Stype	控制类型		文本	
Weight	连接权重	表征连接的数量	数字	
Time	跳闸时间	控制时间		
Description	信号连接描述		文本	

表3-4 示例连接表

源节点	目的节点	标签	类型	信息类型	权重	说明
IL2201A	PL2201A	ds1-ds2-5	Directed	GOOSE	2	远跳开入-支路6跳闸； 跳闸开入-跳闸 A
ML2201B	CL2201	m1-m2-5	Directed	SV	1	

3.1.3　利用故障信息基于安全域评估的分析和图可视化

3.1.3.1　问题由来

图 3-1 为通过故障录波进行的母差动作轨迹,可以看出差动保护在开始一个周波后进入动作区而后进入制动区。如果未保护,其差动保护应在曲线下方的制动区,问题在于如果饱和了,由于母差保护的抗饱和元件并不动作,但我们并不能知道其实际已经进入动作区,因此应当提高制动斜率;如果不平衡很小,远离边界,可以考虑降低斜率提高区内的灵敏度。由于这都是在区外发生的,只要母差不动作,我们并不关心,但这些信息对于我们了解母差离动作边界的裕度是有很好的实际意义的。如果过于接近,说明裕度不够,需要提高定值,甚至已经进入了制动区由于抗饱和元件而未误动的,则应尽可能更换电流互感器;如果区外近处故障差流很小,可以考虑适当降低定值,保证安全裕度下提高区内故障的灵敏度。

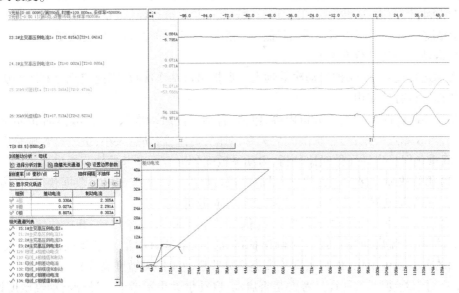

图 3-1　故障录波进行的母差动作轨迹

类似的,启动元件、方向元件、闭锁元件、阻抗元件等都存在类似的问题,可以利用区外故障时这些元件感受到故障的故障量评估其安全裕度,进行适当的调整。同时,区外故障时邻近故障点保护都会感受到故障,这些元件感受到故障的灵敏度如何? 是否满足越靠近故障点灵敏度越高? 事实上许多都不满足,但由于近故障点的主保护快速切除了,这些问题都被掩盖了,所以利用区外故障时未动作元件所感受到的故障量进行安全裕度评估,并进行分析和比较,对优化保护系统,发现保护,尤其后备保护或者辅助测量元件隐藏的隐患具有很好的应用价值。

3.1.3.2　故障参数分析

故障时,通过故障录波数据、保护 IED 等收集到各支路和母线电流电压参数、相关零序参数、其他暂态参数(如非周期分量等),获取故障时网络拓扑参数,可以计算该方式下理论故障信息,通过与收集到的实际故障信息进行差异性比较,分析哪些支路或者节点存在较大误差,可能的原因有参数错误、测量错误或者其他原因等。该部分可以考虑特征辨识或者特征值抽取等技术手段。

与参数辨识相比,此方法在电厂附近网络拓扑或者运行方式变化比较小的地方可能识别度更高,另外还应考虑大电网中应用是否有效,距离故障点多远可以采用此方法。

3.1.3.3 电流互感器特性分析

对于母线节点,区外故障时,故障支路为所有非故障支路电流和。由于故障支路远大于其他各支路,故障支路误差更大些。通过 KCL 关系,可以计算出差流,即不平衡电流,通过多次故障、不同点故障,可以估计故障情况下电流互感器误差特性。可以采用数据拟合,或者参数方程求解等方式。

3.1.3.4 区外故障时保护的安全裕度分析和评估

如前所述,故障元件故障时,故障相连接的其他元件均感受到了故障。由于故障在区外,故障区域或者动作时间不在动作范围内,所以不动作,但距离不动作区域多大、各保护安全裕度是否相同、不动作灵敏性情况如何,可以通过故障信息进行评估和改进,增强安全裕度。对于安全裕度足够强的,可以考虑适当降低安全裕度——提高区内动作的灵敏度。

1. 启动元件的评价和分析

实际运行过程中,保护启动次数远大于保护出口动作次数,因此应充分利用经历故障时的数据进行有效应用。

未发生故障时启动元件分析内容,包括:启动元件启动次数,一次故障时相邻哪些元件启动,与故障点关系;与一次潮流的关系,时间,负荷,启动量大小,决定是否调整启动值门槛;双重化保护启动元件对比分析,启动灵敏度分析。可以考虑的分析包括:

(1)相邻故障点保护是否启动,目前可通过保护录波系统或报文数据获得,直接进行可视化。然后通过拓扑关系分析,包括正反方向分析。

(2)启动元件类型考虑分类别显示(例如零序启动、突变量启动、开关位置变化启动、负序启动、相过流启动等),或者对侧保护启动。如果装置中记录了相关的数据,可进行这方面的分析和可视化(例如不同故障类型哪些启动元件灵敏度高等)。

(3)对于差动保护,往往只考虑是否启动,启动量大小不考虑。设计启动灵敏度评价,基本方法是与门槛值进行比较,启动元件情况记录输出方法:定义启动元件灵敏度,保存和输出(运行中做可能会影响保护,可考虑在保护完成后分析,或独立的分析评价程序)。

(4)仿真验证:IED 中建立启动元件库,搭建一些电网或 DDRTS 进行验证,仿真试验可能难以对一些现场实际情况进行挖掘检测(如采样通道、谐波及干扰等情况),但可以模拟一些典型问题或试验,产生一些测试数据,利用数据挖掘方法进行验证。此外,利用 DDRTS 进行试验,需利用厂家(南京南瑞继保电气有限公司、国电南京自动化股份有限公司、北京四方继保自动化股份有限公司)的保护动作分析软件。也可以收集电厂的数据,通过故障录波系统或者阿坝电力公司故障录波系统收集数据。

(5)对于大量启动数据的挖掘:启动元件的数据分析属性,包括启动时间、大小、类型,一次分析,负荷潮流,故障类型(相间接地或其他),保护类型(线路变压器母线),终端站还是其他类型站。

(6)电网中多个启动元件联合分析:一次故障时所用相关联系统的启动元件分析,主要考虑分析的内容,启动元件动作合理性、配合性、灵敏性分析,不同地点、不同厂家启动元件特性分析。

典型应用:①线路相邻两侧启动元件配合、灵敏性情况,主变另一侧启动元件情况。②电厂更易进行比较,因为网络变化小。高压系统故障时,电厂内各启动元件的动作情况分析、配合、灵敏度,以及不同类型元件、启动元件配合。③配电系统分析,用户和系统侧反时限保护配合等。

(7)多次故障的多个启动元件分析,包括一个保护某个启动元件的多次不同故障情形下的分析——启动元件与系统故障联系,多个启动元件的多次故障分析,不同启动元件对比分析。

(8)故障录波器启动元件分析,可以作为一个故障的发生时刻,故障类型结果为一个字段,分析保护启动元件和故障录波启动元件的关系,整定合理性。

2. 各类差动元件安全裕度分析

区外故障时,线路差动保护、母线差动保护、变压器差动保护及发电机差动保护均承受区外故障的检验。其中以变压器和母线差动保护的安全裕度评估最有实用价值。

(1)如何描述差动保护安全裕度,需要考虑故障点远近(制动量大小),在进行可视化时需要将制动量和安全裕度同时考虑。

不同差动保护的特性不同,安全裕度如何评估? 可以考虑的评估方法有:绝对距离,相对距离,比例系数比较,其他映射方法。另外,多次故障情况下,可以统计出一定故障电流区间情况下的安全裕度范围,建立安全裕度期望值。

(2)多次区外故障时会有多个点,如何描述评估平均安全裕度,可否通过多个数据,采用区间进行刻画[min,max]。

(3)根据多次的区外数据,可以得到一系列的动作点,是否可以根据正常时不平衡电流和故障时的这些点进行数据拟合(如图 3-2 根据①,②,③点进行拟合),并进行线性或者非线性外推,得到实际的针对这套装置的不平衡曲线(这种方式得到的不平衡曲线不仅是互感器的误差曲线,还包括采样环节的,所以对于保护和故障录波器感受到的可能会有差异,对于智能变电站也同样可能。因为不同 IED 对采样进行处理时易导致差异,同时算法差异也会导致这种不平衡电流计算的差异,这部分也可以做些分析和研究)。

(4)对于双重化的保护而言,进行两个差动元件安全裕度的对比性分析具有很大的

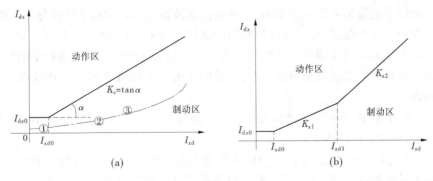

图 3-2　差动保护的动作特性

实用价值,尤其对于不同原理的差动元件,可以进行安全裕度评价。因为其感知的故障点相同,同时配置也相同,对于分析不同原理的差动保护的安全裕度具有大的实用价值。同时通过对比性分析,如果差异过大,还可以分析差异大的原因。另外,结合故障录波器的分析,对于故障录波器的采样差异可以一并进行分析。

(5)对于差动保护分析而言,某点故障后,会有多套区外的差动元件,因此可以进行多套的差动元件区外分析。利用故障录波器只要启动元件后就可以录波进行分析,但对于差动保护,则可能由于启动元件灵敏度不够,不会启动,所以有一定的限制。

(6)对于差动元件安全裕度分析,可以同时考虑故障属性:故障时间、故障类型(如相间或者接地)、电网运行方式、故障地点等。如果有大量数据,对于差动元件安全裕度与故障类型关系、电网运行方式关系等,可以尝试进行关联性分析和相关性分析,或者安全裕度趋势变化分析等。

(7)对于故障支路而言,如线路差动保护,可以进行灵敏度分析,结合该保护在区外故障时的安全裕度评估,可以进行综合性能分析,例如动作域与制动域的分析和计算。根据分析结果是否需要调整定值或者改进其他综合性能的评价标准,则需要研究。

3. 各类方向元件安全裕度分析

区外故障时,理论上方向元件处于最不动作灵敏区,可以采用偏离灵敏角的角度进行评估,包括复压方向元件、负序方向元件、零序方向元件、阻抗方向元件等。对于功率类的元件,可以采用功率阈值大小比较确定。

多次故障可以根据统计分析数据建立期望值,进行不同方向元件对于不同故障安全域的比较。事实上,对于方向元件,区外故障往往最不灵敏时,区内故障正好最灵敏。但有些方向元件本身就有边界缓冲区,例如北京四方继保自动化股份有限公司的保护,因此如何定义还需研究。

方向元件有可能需要最小工作电流或者电压,另外接线形式也对方向元件评估有影响。

3.1.3.5 几种实现方式研究

如前所述,进行继电保护系统安全裕度评估可以利用的数据源包括故障录波器、保护装置、网络分析仪、保信子站和主站、监控系统、故障测距系统等。

方案1:直接利用故障录波器进行安全裕度评估。

由于故障录波器接入的支路很多,一些故障录波器也有差动动作特性分析功能,但往往应用于保护动作的时候,对于区外故障时的动作行为不关心,所以没有很好地利用这些信息。可以基于故障录波器软件系统对于启动后差动元件的安全裕度进行如前所述的分析和评估。此种方式实现最为简便,对现有故障录波器进行软件程序优化或者导入波形进行分析即可。

(1)此种方式,由于采用的电流通道为故障录波器的通道,所以其输入电流和保护感受会有差异,但差异应该不大。

(2)采用此种方式,故障录波器只能采集到本站电流,所以只能对母差和变压器差动及发电机差动保护进行安全性评估,不能对线路差动保护进行安全裕度评估——该方式需要对故障录波器进行改进,引入对侧线路电流进行联合分析,智能变电站可以考虑对侧电流通过本侧电流保护转发。

（3）由于故障录波器的差动特性分析公式或者算法计算方式与实际的保护算法有差异，因此难以对真实的差动保护的一些问题进行分析，差动保护计算出的动作电流和制动电流有可能有差异（例如某个电流互感器变比的错误），但对于定值调整裕度是可以应用的。

注：该方案可以和故障录波器厂家进行深入研究，同时通过 DDRTS 系统进行仿真验证，通过现场实际波形进行对比测试。

方案 2：基于保信子站和主站的信息对保护进行安全裕度评估。

由于保护启动后有相关的信息，如果启动后的信息上传到保信子站和主站，则可以考虑利用保护的波形进行安全裕度评估，利用保信子站和主站的差动特性分析模块进行类似同故障录波器方式的分析。

采用此种方式可以直接利用保护接收的数据，因此对保护动作裕度分析更加具有针对性，同时可以和故障录波的数据进行对比分析和验证。此外可以进行线路差动的分析。由于数据集中在主站，因此分析更加方便，可以利用主站的其他辅助信息进行关联或者相关分析及其他的挖掘和分析。

由于保护只是启动，没有跳闸，所以保护内部计算出的差动电流和制动电流是否和理论的一致（例如采样环节出问题、配置和定值不一致造成的计算差异等）难以知道，即使因为这些问题导致差流增加，但只要仍在制动区，就不会误动，但安全裕度是大大下降或者有隐患存在的。但用保信子站模拟的该差动算法只是理论的情况，对于非装置问题造成的问题可以进行评估，包括定值调整。

方案 3：改进保护的记录内容进行安全裕度评估。

目前的保护采用采样中断的工作方式，有独立的启动元件，正常时候不会进入测量计算程序，启动后才进入。但在启动元件启动后，如果没有相关的元件动作，则只会显示启动，不会显示其内部相关各种测量元件在这次故障的测量情况，比如其故障量大小、方向元件动作情况、差动与制动量情况等。这些信息放在大数据中则可以对保护更好地进行上述安全裕度分析和评估。因此对于保护而言，可行的一种改进措施是启动后显示其主要测量元件的数值或者元件的裕度情况，比如显示与整定值的差异、方向元件的偏差、差动与制动比、差流大小与制动电流数值等。

（1）采用此种方法是否会增加保护的计算工作量？是否会影响保护的可靠性？因为进行上述计算需要程序中考虑对相关的中间计算测量结果临时保存，并在启动元件返回后存入记录日志。

（2）记录的内容不可能采用波形记录的方式，宜采用对计算结果加工后存入日志文件，以解决频繁启动后存储容量增大的问题。

（3）记录的这些数据如何进行处理才能更有效地进行基于大数据的安全裕度评估，比如是某次故障取平均值，还是取最大或者最小值？其裕度如何表示才能利用后续的应用，比如是否采用实际值、方向元件是电压电流角度还是动作角度等。

（4）采用此种方式需要对各个不同厂家的记录内容进行规范才能在后续进行全网的分析中提供可能，所以具有一定的局限性。这种增加保护记录内容的方案只适合新开发的保护，老保护很难通过升级的方式进行改造,也限制了此方式的运用。对于广域保护,则应当从系统设计开始就考虑以后进行安全裕度评估,将非故障点保护有用的测量信息进行记录。

此方式需要基于开放标准信息、可视化标准信息。目前可通过厂家的保护内部可视化动作信息进行研究,包括研究可行性、输出哪些中间信息、信息格式、如何利用等问题。

方案4:基于模拟仿真的保护 IED 故障重演方式的安全裕度评估。

目前测试仪具有故障回放的功能,即将故障时的波形通过测试仪使故障重新回放到真实的保护设备,以检验其性能或者验证特殊问题。以前的继电保护仿真系统只是用于变电站仿真和调度仿真,其保护不能接入实际波形。应考虑基于目前的保护系统对于保护未出口时,其记录的信息只有内部记录,且记录信息不够完整;同时故障时,如果某个故障某种保护存在缺陷或者不足(如饱和、振荡、高阻接地、复杂故障等),对其他保护是否能正确动作。

研究解决的问题包括以下几点:

(1)软件仿真的保护与实际硬件保护的区别,能否较为准确地反映真实保护的动作性能,这是整个体系的关键。

(2)仿真保护开发、算法模块方面需要的硬件条件,例如 CPU 运算速度、同步性方面的问题。

(3)仿真时,信号输出的同步性问题如何保证,某个站或许不会有问题,故障录波器本身是同步的。对于光纤差动保护,不同站的保护如何配合。对于全网而言,时间同步或许是最制约此问题的关键,所以对时非常重要。

(4)如果仿真过程需要控制,假设主保护不动作,如何进行更高级的闭环仿真。

(5)此方式需要开发保护 IED 的算法重演模块(只通过软件实现),同时实现与原来的装置通信,调用定值和核心信息比对。

3.1.3.6 区外保护的安全裕度的图可视化建模及分析

对于如前所述的安全裕度分析,其相应的结果本身可以作为节点的属性(例如差动元件、测量元件等),这样在进行故障信息可视化时,其节点大小或者颜色直接和安全裕度相关。如果将安全裕度作为连接的属性,则连接线颜色作为裕度的大小,这样可以形成直观的故障时各保护的安全域情况可视化图。如果采用类似于配网态势感知技术,可以将安全裕度进行态势感知可视化,放大各保护间的安全裕度差异。

结合网络拓扑分析,进行安全裕度的配合分析,比如是否靠近故障点的安全裕度比远离故障点安全裕度更大等。

3.1.4 故障信息的网络图动态可视化分析

(1)主要思路:基于采集到的智能变电站过程层 GOOSE、SV 信息,站控层 MMS 信息,各 IED 设备、交换机的信息,诊断故障时产生的各种信息,进行故障行为分析、关联性分析、相似度或者同质性检测、动作过程可视化、典型动作行为库建立等。

(2)研究内容:目前智能变电站二次在线检测系统,故障录波与网络分析仪,继电保护故障信息(主站和子站)系统,智能变电站站端智能信息处理系统,隐故障系统研究之间的关系。

（3）研究模型：收集各 IED 的电压电流等信息、GOOSE 信息、MMS 信息、保护动作报文，进行可视化和数据分析。

（4）信息的时间序列数据，采用相关表格，存于数据库，需考虑时间的读取、信息的预处理、不同类型数据归一化。

（5）故障时信息可视化。可视化重在揭示故障情况下相互间的动态信息流，分析不同故障情况下相关的 IED 动作行为的差异性，典型特征识别与提取，与预想动作行为的差异，特殊异常行为检测，与一次设备元件关联关系。通过可视化网络分析技术，如各种网络特征量计算，揭示某些现象，从而找出潜在规律。

可视化方式：时间序列流图和动态可视化流图（不同于在 SCADA 系统的事故追忆，其主要功能在于在一次主接线图及监控系统采用回放方式重现故障发生过程，不利用对故障特征的揭示和故障现象的解释）。

时间序列流图：基于矩阵方式的时间序列流图，类似序列布局。这种方式适合于细节分析，与传统的分析手段类似。

动态可视化流图：基于力导图形进行动态可视化，一方面进行有关动作 IED 元件的信息显示，另一方面通过不同布局可视化揭示信息特征。

注：可以根据主接线图特点对力导图进行一些限制性布局或控制，例如母线性节点、力导或者其他方式（问题：采用这些方式后，可能不利于揭示隐藏的特征信息，对于展示故障过程是可以的）。

多图也是可以考虑的有效模式。

网络分析：例如图密度、K 类均值、长度、最短路径、子图划分等。尤其需要与专业知识结合，其给出的结果应有实际意义和解释。相应分析的数据需要进行研究，例如信号完整性、流量、动作时间、类型关系等，不同量揭示的意义不同。

3.1.5 继电保护系统的安全裕度态势感知图及可视化分析

对于分析和挖掘的诸多信息，可以通过整合建立保护系统的安全态势感知参数，并结合保护网络图进行可视化分析和显示。

故障录波文件由于采样率高，成为继电保护事故案例分析的重要支撑文件。继电保护人员往往只关注区内故障时的主保护动作行为，相邻保护由于未动作，很少对其元件进行分析，相邻保护离动作边界有多远还不清楚。

当继电保护装置动作时，我们会查看保护装置动作报文，同时将故障录波器中的录波文件拷出来进行分析。分析故障元件或线路的电压电流波形、查看电压与电流的角度关系，以及零序电压和零序电流的角度关系，从而简单分析事故类型及故障发生距离。

故障录波文件由于采样率高，常常作为事故案例分析的重要支撑材料，但是继电保护人员往往只关心区内故障的相关保护装置动作行为，相邻保护装置由于未动作而未加关注。由于故障录波文件包含了全站所有间隔的电流电压波形数据，因此考虑能否使用故障录波文件编写继电保护装置主保护（差动保护）程序，在差动保护动作特性图中可视化展示故障电流的演变行为。若线路故障，发现母线保护的差动电流和制动电流离动作边界较近，则极易引起母线保护误动，造成较大的停电事故。因此，需要将母线差动保护的斜率 K 定值提高,从而提高保护装置灵敏度。

开发一套程序,只需要将故障录波文件导入软件中,用户配置通道,然后可视化展示故障发生时刻,可视化展示变电站保护装置差动保护的动作特性图。为了快速实现基于故障录波数据的变电站安全裕度系统进行研制开发,编写程序将故障录波文件中的波形文件转换成 Excel 数据,然后利用 Matlab 编写可视化程序,展示差动保护动作特性图。

基于故障录波数据的变电站安全裕度系统进行研制分为界面和内嵌程序两部分,界面部分通过 Matlab 编程实现可视化展示保护动作特性图,内嵌程序部分通过 Matlab M 文件进行编程。通过内嵌程序对基于故障录波数据的变电站安全裕度系统进行研制开发,调试成功后,方便学员查看故障电流离差动保护动作边界的距离,有更加直观的感受。

基于 Matlab 平台进行故障录波文件的变电站安全风险评估的开发研制需要进行程序编写。界面设计灵活简便,可读性强。利用 Matlab M 文件进行程序编写,操作员比较熟悉其开发流程和技术,相对容易实现。

该系统的具体框架结构如图 3-3 所示。

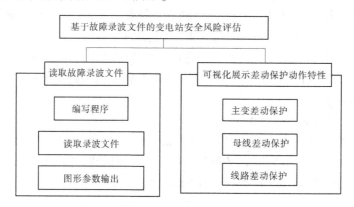

图 3-3　基于故障录波数据的变电站安全裕度系统框架结构

读取故障录波文件的框架结构如图 3-4 所示。

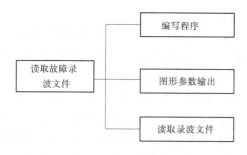

图 3-4　读取故障录波文件的框架结构

读取故障录波文件的主要作用是:由于故障录波文件的采样率高,因此通过解析故障录波文件中的数据能够更准确地分析故障电流的变化趋势。

在进行故障录波文件读取编程时,遇到的难点是:故障录波文件的采样率多大,配置多少通道,如何将故障录波文件 Comtrade 格式转换成 Excel 数据。

根据 Comtrade 格式要求,编写了读取故障录波文件 Comtrade 程序。首先需要让程序找到故障录波文件,即.cfg 文件和.dat 文件;其次读取.cfg 文件中的版本号、采样率、通道数、时间坐标、图形文件长度;最后将.cfg 文件中的数据转换到 Excel 表里。

3.1.5.1　母线差动保护可视化展示

（1）计算额定电流,通过基准容量、电压、支路电流互感器变比,运用公式计算各支路额定电流。

（2）将存放在 Excel 表里的故障录波数据读入 Matlab 平台里,将各支路电流的实部和虚部分别取出来,然后求出整个母线 A、B、C 三相差动电流和制动电流。

（3）画出动作特性图,根据差动电流门槛值、拐点电流、斜率画出动作特性图,然后将差动电流和制动电流的值代入判据,看是否落入动作区。

（4）若发现连续 15 个点都落入动作区,则判定保护装置动作。

（5）记录当前数据坐标,与故障时刻坐标进行对比,反推出故障发生时刻。

（6）在动作特性图中画出 A、B、C 三相制动电流和差动电流的运动轨迹,进行可视化展示。

3.1.5.2　主变差动保护可视化展示

根据选定的保护装置 RCS-978GE 原理,确定转角方式,并对低压侧三相电流值进行变换;将变换后的电流值与另一侧的电流值逐相计算差流的大小和相位。

（1）计算主变各侧额定电流,通过基准容量、电压、支路电流互感器变比,运用公式计算各支路额定电流。

（2）根据变压器保护装置 RCS-978GE 原理,将低压侧电流进行转角计算,得到转角后的 A、B、C 三相电流幅值和相位。

（3）将主变各侧电流都转换成 nI_e（n 为实数）,分别计算 A、B、C 三相差动电流和制动电流。

（4）根据差动电流门槛值、拐点电流、斜率画出动作特性图,然后将差动电流和制动电流的值代入判据,看是否落入动作区。

（5）若发现连续 15 个点都落入动作区,则判定保护装置动作。

（6）记录当前数据坐标,与故障时刻坐标进行对比,反推出故障发生时刻。

（7）在动作特性图中画出 A、B、C 三相制动电流和差动电流的运动轨迹,进行可视化展示。

3.1.5.3　线路差动保护可视化展示

（1）读取故障录波文件中线路本侧和对侧 A、B、C 三相电流的幅值和相位。

（2）将本侧和对侧 A、B、C 三相电流实部和虚部分别进行求和,得到线路本侧和对侧的差动电流和制动电流值。

（3）根据差动电流门槛值、拐点电流、斜率画出动作特性图,然后将差动电流和制动电流的值代入判据,看是否落入动作区。

（4）若发现连续 15 个点都落入动作区,则判定保护装置动作。

（5）记录当前数据坐标,与故障时刻坐标进行对比,反推出故障发生时刻。

（6）在动作特性图中画出 A、B、C 三相制动电流和差动电流的运动轨迹,进行可视化展示。

3.1.6 其他可视化分析

3.1.6.1 双重化保护动作行为可视化对比分析、相似度分析

主要研究内容:不同故障情况下两套保护动作信号的对比。包括信息的显示格式、发出和接收内容是否相同,信号之间传输时间上的差异性,上送 MMS 报文的差异性,保护动作 IED 本身的差异(目前在做的故障动作可视化分析,可深层次揭示各保护内部元件动作差异和特征)。

注:由于故障类型不同,同一保护对于不同故障类型动作行为存在差异性,因此首先需要对故障情况进行分析,可以考虑的类型包括短路类型(例如接地、相间等),断线,瞬时性还是永久性,金属性还是高阻接地,线路位于联络线还是终端线路,故障首端还是末端等。这些属于经验分类,其他自动分类可以更好地建立动作行为规则库。

3.1.6.2 多次故障、同种类型故障数据分析和挖掘

对典型区内外金属性、过渡电阻接地、不同 IED 动作行为差异性进行分析,归纳总结典型动作行为和信号、典型动作行为期望值。

建立所谓典型故障保护动作实际行为库,该库与已有专家库的区别在于,不是通过逻辑关系和规则关系建立,而是基于统计规律和数据分析规律建立的。

对于非典型故障,也可以建立所谓典型异常运行库,例如典型电流互感器断线、电压互感器断线保护动作行为库,保护拒绝动作行为库,两套保护不一致动作行为库等。一方面根据比较和数据分析及挖掘出来的规则库和典型正常或异常库(或者通过机器学、深度学习等方式建立)与经验是否符合。另一方面对这些典型动作行为进行分类(聚类),分类后可用于分析与年代有关、地区有关、厂家有关、安装单位或者设计单位有关的故障信息。如何定义两种不同动作行为的相似度,以及进行相似度的计算,尤其对于线路不同故障下的相似度计算。

3.1.6.3 离群点检测:异常动作行为分析

对某一次故障,可以与典型库比较,确定属于哪一类典型正常或者不正常库,或者一种新的类型。

3.1.7 整定计算配合图的可视化分析

问题由来:考虑到实际发生故障时,由于距离故障点最近的主保护往往快速切除故障,因此后备保护不会动作,但此时相邻保护的选择性在保护范围或者动作时间上往往可能是不配合的,由于快速切除了故障,其隐患被隐藏了。如果利用这些故障信息,假设主保护拒动,校验当时的系统方式下后备保护选择性配合方面是否满足要求,实现利用实际故障激励对保护系统性能和配置检验的目的。整定计算配合图见图 3-5。

利用此方法,首先应收集当时的运行方式,调取保护定值。根据收集的电流电压信息,假设保护系统采样正确的情形下,在整定计算系统中进行校验。利用模拟仿真保护,其间加入故障量,检验各仿真保护后备保护动作行为:故障时各相邻元件、启动元件灵敏度是否满足选择性要求,各后备保护(例如过流保护、距离保护)灵敏度是否满足选择性

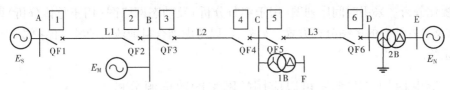

图 3-5　整定计算配合图

要求,各后备保护动作时间配合是否满足选择性要求。

3.2　智能变电站虚回路可视化分析

对于智能电网二次系统而言,可以应用的网络图数据源包括以下内容。

3.2.1　智能变电站可以应用的网络图数据源分析

3.2.1.1　SCD 文件

SCD 文件本身采用 XML 语言,其文件架构本身是树图结构,其中通信部分也是树图结构,但其中隐藏的信息是所谓的虚端子连接信息:IED 为节点,以通过 input 构成的 IED 间的虚连接为连接对象。除此之外,如果用于关联分析,其节点还可以以 SCD 文件中涉及的厂家作为节点(如果分析的重点是 SCD 文件中厂家间的 IED 的关联配合情况的话)。目前研究最多的就是 SCD 文件系统的图可视化分析。

3.2.1.2　智能变电站通信网络

智能变电站各类 IED、交换机、路由器、监控系统都可以作为分析节点。

连接方式 1:理论上包含任何 IP 地址或者 MAC 地址的设备都可以作为节点。这样源 IP 和目的 IP 之间的任何通信连接都可以作为通信报文分析的图可视化。此连接重点分析连接信息的报文异常、流量等。

连接方式 2:基于设计院的实际物理连接也可以构成物理连接图,其连接变为光纤物理连接,此连接重点分析光纤物理连接的状态,比如通信口发送的光功率变化、光口温度变化、通信口流量变化、报文的误码率等。通过其他的数据可以进行关联可视化分析。

注:两种方式的结合可用于对智能变电站网络风暴的可视化分析和研究。

3.2.1.3　智能变电站 IED 运行状态网络图

对于运行中的智能变电站而言,可以通过各 IED 采集或者上送的各类信息收集到各 IED 系统的运行数据;对于其本身而言,包括自身是否有异常、压板状态、装置温度、光口监视情况、通信连接状态等。其采集的信息量(例如电流电压值、GOOSE 中报文情况)可以在 SCD 虚端子图作为底图的情况下形成运行的动态网络图。采集的信息可视化后可以和监控系统的一次主接线图进行关联分析。另外,基于压板和定值信息构成的网络图可以进行目前流行的智能变电站二次安措系统可视化分析。

3.2.1.4　智能变电站故障情况下的图数据源

智能变电站故障时,根据收集的网络分析仪数据、故障录波器、各 IED 自身录波数据、监控系统数据、一次系统本身数据、其他辅助系统数据,可以进行基于故障分析和诊断的图可视化分析。采用时间序列图(用于细节分析)及动态网络图(用于总体分析)两种方式,以及二者结合的多图分析方式。另外,可以考虑结合目前流行的继电保护故障可视化分析系统。

3.2.2 继电保护二次系统可以应用的网络图数据源分析

3.2.2.1 运行中的保护数据

目前对于保信主站或者调度主站侧的保护监视系统,其状态信息主要为表格或者列表形式。基于保护设备为节点,各保护间的跳闸或者通道为连接可以构成网络图。一次主接线图本身为一个网络,保护和被保护一次设备(例如线路、母线等)或者控制设备(例如相关断路器)等为连接,则构成多种类型的网络图(节点类型多种),可以进行运行中保护状态数据、一次潮流数据、压板状态数据、保护通道数据等的可视化分析和态势感知。另外,基于保护采集到的信息可进行正常运行情况的安全域可视化。

3.2.2.2 整定计算数据

在整定计算网络图基础上,通过重新优化布局及不同分析建模进行图分析。图的优化布局:节点大小根据保护重要度计算,连接线的粗细和颜色通过定值大小等控制。整定配合图:考虑节点为具体的元件(例如距离保护、零序保护等)、连接为距离保护,以及零序保护间是否配合、权重为配合系数等构成整定计算配合网络分析图。灵敏度配合图:基于整定计算优化图,节点为具体的保护元件(例如距离保护、零序保护等),其节点值权重为灵敏系数,连接为保护配合状态,基于图分析进行灵敏度配合分析。

3.2.2.3 故障录波器数据

故障录波器记录的信息主要是针对本站的信息,记录信息全面,且时间基准一致。目前对于故障录波器的数据分析基于传统的方式,故障信息并未被有效利用。故障录波器收集的信息中,接入的保护设备可以作为节点,接入的断路器也可以作为节点,保护和断路器的控制关系作为连接,这样对于故障录波器本身就可以开发基于这样的节点-支路网络图,用于分析复杂情况下的保护和一次动作过程可视化;此外,结合故障录波的各种开入信息和对故障量的诊断分析,利用将计算和分析或者挖掘结果节点和支路属性构成的网络图,可以进行更深入的复杂分析,例如某个开入的异常监测、某个电流支路的异常分析等。

3.2.2.4 综合数据及利用

保护录波自身的可视化分析目前国家电力调度中心在推广,一些厂家已经研发了能够将内部保护动作逻辑结合故障波形的可视化分析软件,局限性在于其在保护自身动作有问题时能够起到很好的作用,但对于涉及外部及综合性的故障分析则不适合,因此将故障录波器故障信息、保护录波信息、整定计算信息、一次潮流信息、自动化监控系统信息进行综合数据挖掘和采用基于多图的可视化故障信息分析方法。

故障节点以保护和一次设备为主;如果分析整定配合,则节点可以考虑具体的差动、距离零序等元件;连接关系根据分析的目标,可以考虑控制关联、配合关联、相关性连接、物理连接、动作逻辑连接等。

3.2.3　目前 SCD 文件及虚端子可视化现状及问题

智能变电站技术是近年大力发展的电力新技术,作为智能变电站技术的重要核心内容,SCD 文件是非常重要的一个描述智能变电站全站配置信息的文件。全站通信配置及 IED 配置信息均包含在 SCD 文件中,许多系统集成商也开发了相应的配置应用工具,即 SCL 配置工具,用于对 61850 系统建模,导入相关 ICD 模型文件,并进行系统配置,最终生成 SCD 文件,并提供相应的规范、规则校验。随着智能变电站二次系统设计开发一体化的需求,集 SCD 配置生成、端口配置、虚端子可视化、图纸设计等一体化的配置工具成为近年来的研究热点。这类工具目前仅局限于厂家技术人员开发维护使用,不具有通用性,往往针对厂家设备平台进行开发。

SCD 可视化研究工作,主要集中在建模可视化和虚端子可视化研究上。对目前 SCD 可视化进行了介绍,并针对可视化中忽视压板问题进行了改进,对二次回路可视化进行了实用化处理,对虚端子可视化进行了深入研究,开发了基于间隔的信息流展示方式;进行了基于装置的虚回路可视化设计,在调试时提高了应用的方便性。从多视角出发对多 IED 之间的虚连接的可视化进行了研究,不仅实现了配置信息的可视化,还对实时运行信息的可视化进行了尝试。目前的 SCL 配置工具的可视化主要针对虚端子的可视化、SCD 文件管控的可视化、SCD 文件对比可视化等,而对于 61850 系统的层次信息关系并没有很好的展示。

虚端子处理方面,介绍了虚端子导入和导出方面,对于虚端子回路建模提出了一种构想,包括采用邻接矩阵进行连接关系描述;虚端子回路设计方面,提出了一种 GOOSE 信息流设计方法,进行了可视化设计方法介绍。结合 SCL 配置工具及 SCD 的可视化对虚端子可视化进行了初步研究。详细地分析了虚端子的可视化方法,并结合现场应用要求,将压板、光口配置等融入虚端子可视化设计中。对虚端子从连接多角度方面提出宏连接,实现多方视角的虚端子可视化方法,很系统地介绍了虚端子可视化在二次设计施工图方面的应用问题,对网络联系结构、信息流图、逻辑联系和物理连接实现可视化以满足设计施工需要。虚端子可视化的进阶应用方面,在实现虚端子可视化同时,进行了虚端子检测、自动连线及管控等功能。

虚端子可视化方法主要针对各 IED 的输入和输出,重点关心各 IED 虚端子连接情况。

以单 IED 或者间隔方式构成的虚端子可视化图主要缺点在于不能很好地展示 IED 间全局关系,不能揭示不同类型 IED 间连接关系和特征分析。

3.2.4　基于图分析的虚端子图可视化建模

3.2.4.1　全站信息流可视化展示

考虑全站信息流可视化展示:SV 信息流(电压、电流)和 GOOSE 信息流(开关量信号、跳合闸信号、联闭锁信号、测控信号、异常告警信号等,可以有效分类展示),无论对于培训还是使用,能够直观查看所需要的信息。

注:此部分通过对节点或者边属性设定,可以实现自动颜色分类。

通过给节点或者边设定类型,在 Gephi 中,可以自动进行颜色分类显示。

(1)对于节点,可按照节点 IED 名字前缀分类,即设备类型、保护、测控、合并单元、智能终端及其他。可进一步按照相关联一次设备类型分类:线路间隔、变压器间隔、母线间隔、母联间隔、电容器间隔等。按照电压等级分类:110 kV、220 kV、10 kV、主变节点;如果获得厂家信息,可以按照厂家类型显示,这样可以分析不同厂家之间的连接、配合情况;如果有多个 SCD,大数据应用则可以分析本地区的各厂家的配合情况(可以通过过滤,实现多个条件的多个不同方式的显示,例如电压和装置类型等)。

节点属性的多样性便于采用不同的图形显示方式,根据需要进行分层分类显示。

计算数据:节点度数、出入度等(在 SCD 中表明了订阅的数量,对于订阅产生的影响可以分析可靠性),其他自定义,例如保护重要度、特殊重要度、灵敏度。

(2)对于边,基本类型可按照信号传输类型考虑,如 GOOSE 信号、SV 信号、MMS 信号,对于 SV 和 GOOSE,可以按照具体信号类型细分,例如 SV 可分为电压信号、电流信号、组合信号等,GOOSE 可考虑遥信(位置信号、告警信号、动作信号等)、遥控信号、跳闸信号、联闭锁信号(解决两个 IED 间的多个信息流问题,生成不同类型信息表可能是一种方法,如果自己开发相关工具可以较为容易实现)。

典型节点表和典型支路表分别见表 2-1 和表 2-2。

3.2.4.2 关于外观的有关设置

网络图的节点和支路的外观特征可以根据数据属性或者有关分析及统计特性进行手动及自动特性设置。

(1)节点。

节点主要考虑的外观特性包括节点颜色、节点大小、标签颜色和标签大小。对于智能变电站比较适合的自动特性设置,根据不同分析特征进行不同的设置。

按照 IED 类别自动设置,例如保护、测控、合并单元等以颜色区别。这样能够更好区别不同 IED 的连接情况。

可以按照过程层和站控层的节点区分,当然在布局图中如果分层,则不需要进行颜色区别。

电压等级根据颜色进行区别,例如 220 kV、110 kV 等。

对于双重化的,可以根据 A 套或者 B 套颜色进行区别。

其他的自动设置:例如在进行动态可视化时,根据故障 IED,或者某个时间段的 IED 采用不同颜色。

节点大小主要可以根据节点度(连接支路)多少进行设置,可以将重要节点突出。或者在进行故障信息展示时,将故障节点的大小设置比非故障节点大一些。

标签颜色和节点颜色宜保持一致。

(2)支路。

连接支路主要考虑的外观特性包括边的颜色、边的粗细、标签颜色和大小。

边的颜色可以根据 SV、GOOSE 及 MMS 信息流进行区别,以显示不同类型的信息流。

如果只是分析 SV 信息流,则颜色可以根据电压、电流等采用不同颜色设置。

如果分析的是 GOOSE 信息流,则根据分析的对象,可以按照跳闸出口、联闭锁、位置信息、告警信息等分类用不同颜色进行表示,以更好查看和分析不同的情况。

如果对于故障信息进行分析,则有信息变化的支路连接用不同颜色进行区别。

（3）布局方式。

①力导向布局:最适合、最常用,布局效果好,关系清楚。

②圆形布局:对于揭示两两之间关系较好,在局部可以采用。

③层次布局:对于智能变电站按照间隔层、过程层考虑可以更好具有层次感。

④树形布局:对于 SCL 布局可以采用。

（4）布局考虑及参数设置。

注:在进行布局过程中,如果全部显示所有信息,图形将会较大,显得杂乱无章,因此需要根据不同的需要采用不同的布局模式。首先是将没有任何连接的节点单独罗列出来,这对于采用力导向算法很重要,否则这些 IED 可能会被分开很远,所以可以在图形中划出一块区域单独显示这部分。其次在显示只有两个或者三个相互直接连接的 IED 时,这部分也单独划出来。在显示其他部分时,根据大量布局研究,显示保护、合并单元和智能终端的相互直接连接规律性较强,测控可以单独考虑。

在进行布局过程中,考虑到不同主接线模式,可以采用分层方式,如划分 220 kV、500 kV、110 kV 区域及主变区域,然后在这些区域再分别考虑相关的力导向算法进行布局,如果按照合并单元,智能终端放入过程层布局,保护和测控放入其他间隔层布局,或者按照厂家布局。

力导向布局中,可以采用固定母线或者主变,即连接数目最多的点,这样布局更加有效,加速使布局更合理。

采用过程层方式手动布置可以采用如图 3-6 所示布局,图中不包含测控 220 kV 站,而是分为过程层（含合并单元和智能终端）及间隔层。可见其明显分为三部分:220 kV A 套、220 kV B 套和 110 kV,这种方式具有分层的特点,但自动算法难以完成。

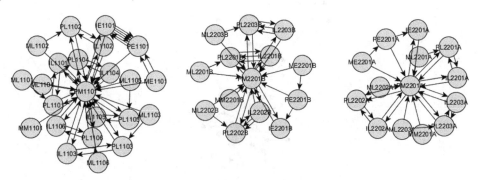

图 3-6　过程层方式布局

另一种模式是采用力导向算法进行改进,如图 3-7 所示包含保护、合并单元、智能终端。可见采用力导向算法可自动分为 220 kV A 套、220 kV B 套和 110 kV 部分。常用的一种算法是对于局部采用环形算法,将合并单元和智能终端放在外层,保护放在内层。

合并单元和智能终端布局如图 3-8 所示。

环形算法,按照 220 kV A 套、220 kV B 套和 110 kV 的保护,合并单元和智能终端布

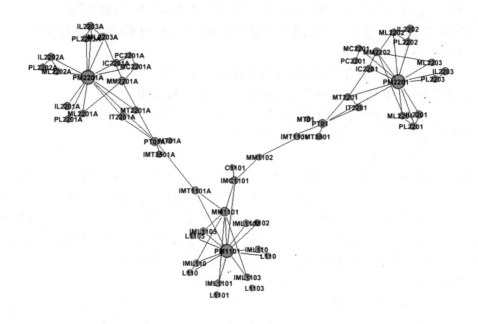

图 3-7 采用力导向算法布局

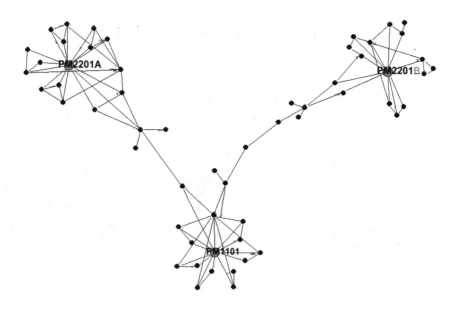

图 3-8 合并单元和智能终端布局

局,可见布局中 A 套和 B 套没有任何连线,二者只和 110 kV 系统有连接,如图 3-9 所示。

利用双环模式,按照类型分类,程序自动将智能终端放在外面,但未按照间隔考虑,如图 3-10 所示。

只采用两种类型的双层显示,图 3-11 中明显分为了三个部分,但无法控制将 110 kV 部分放在内层。

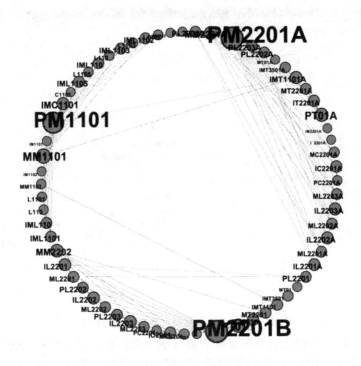

图 3-9　手动环形布局

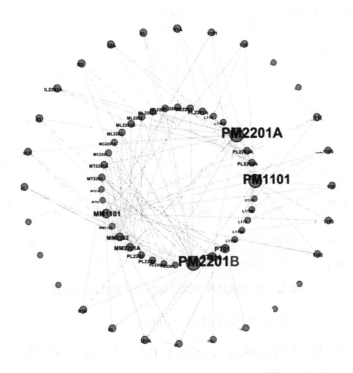

图 3-10　合并单元和智能终端双环模式

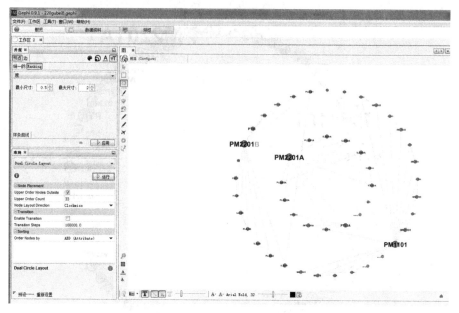

图 3-11　合并单元和智能终端双层显示

手动调整部分位置后,合并单元和智能终端手动调整后双层显示,如图 3-12 所示。

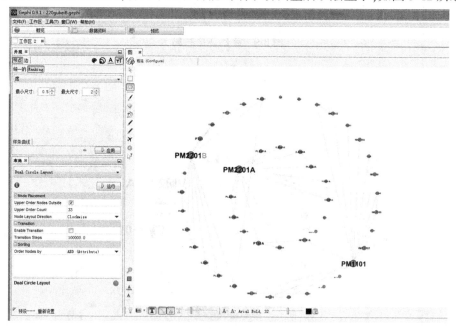

图 3-12　合并单元和智能终端手动调整后双层显示

3.2.5　虚端子图过滤及交互可视化技术的应用

节点分析,网络基本情况分析,交互分析,A、B 套对比分析。不同信号类型:电压,电流,跳闸信息,重合闸,失灵相关。

分区统计:可以根据不同类型查看有关连接,如选择节点,可以考虑只选择保护、合并单元和智能终端,或者只是某种类型的。还可以按照电压等级分区,按照 A、B 网络分区等。

以安宁变电站为例:

(1)只选择智能终端,所有智能终端无信息连接。

(2)只选择合并单元。合并单元间联系为三部分:110 kV 母线、220 kV 母线合并单元 A 套和相关 A 套间联系、220 kV 母线合并单元 B 套和相关 B 套间联系。

(3)智能终端与合并单元联系:有联系的图形分别被分成了两个部分,如图 3-13 所示。

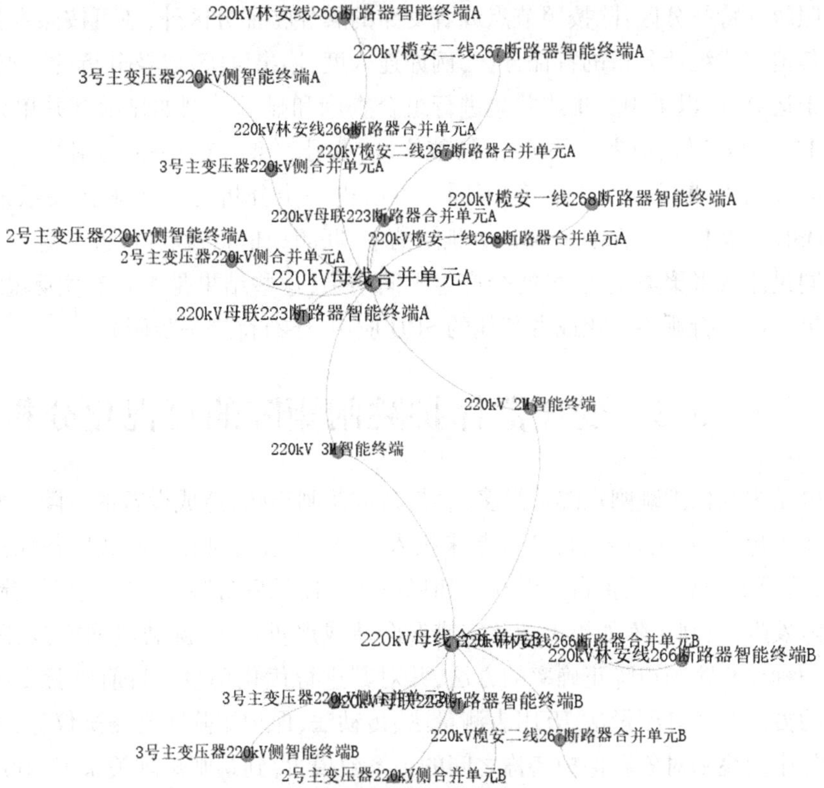

图 3-13　智能终端与合并单元联系

可见 220 kV 母线合并单元 A 套,各支路间单线联系,母联三角联系;A 套和 B 套间通过 220 kV 2M 和 3M 智能终端联系在一起,A 套和 B 套完全相似(注:可以通过定义相似度,确定 A 套和 B 套相互验证,包括结构相似度、内容相似度及其他部分)。

(4)测控和合并单元:通过母线合并单元联系。

(5)测控和智能终端:均为单线联系。

(6)测控、智能终端和合并单元。图形大组件两个:110 kV 部分和 220 kV 部分,其中 220 kV 部分明显 A、B 套类似,同时结合在一起。其余三个小组件为主变及中性点,由各信息连接。

（7）保护与合并单元。总体分为了三个部分：220 kV 母线 1、220 kV 母线 2 和 110 kV 母线。其中 1 号对应相关 1 号保护和 A 套合并单元，2 号对应相关 2 号保护和 B 套合并单元。

（8）保护与智能终端。类似保护与合并单元，A、B 套完全分离。

（9）保护、智能终端及合并单元。A、B 套间通过 2M、3M 智能终端有连接，其他特性不变。

（10）保护与测控。保护与测控间没有联系，保护与保护直接，主要是母线保护与线路和主变。线路与主变无联系。

按照统计特征分区：除按照节点或者支路的属性特征分区外，还可按照本身网络的特征或者其他方式统计分析的特征分区，例如连入度、连出度等，以及分析的节点重要度等。

关于运算，可以采用交集或并集进行组合查询和显示。例如显示合并单元和智能终端，110 kV 电压等级；或者合并单元，智能终端，信号类型为 GOOSE 跳闸等。

不同虚端子，展示的结构可能不同。可以进一步分析与一次拓扑关系最为密切的 SV、GOOSE 和 MMS。例如，GOOSE 中跳闸信号、联闭锁信息，或者位置信息。

不同过滤或者聚类模式，可能会产生不同结果，这些结果是否具有实际意义，或者利用该结果可以进行哪些优化或者其他的 SCD 应用，还有待进一步研究。

3.3 变压器保护跳闸矩阵的可视化分析

变电站主变保护跳闸矩阵信息多，容易造成跳闸出错，造成设备的故障。例如变压器低后备跳闸矩阵中"闭锁备自投"控制未投入，会导致未收到变压器低后备保护发出的闭锁信号，造成 10 kV 分段备自投误动。如果对变压器低后备跳闸矩阵进行校验，可以防止类似故障发生，跳闸矩阵如果出现整定错误会造成严重后果，威胁电网安全，因此很有必要探索一种校验跳闸矩阵正确率的方法，并对其进行优化调整。目前校验变压器保护跳闸矩阵的方法有通灯测量法、万用表测量法、传动法、保护矩阵跳闸测试仪等，本书通过对跳闸矩阵中的跳闸对象和保护名称之间的关系建模，得到跳闸矩阵关系表，利用模拟退火算法对跳闸矩阵关系表进行分析，并对其校验的正确率进行验证，该方法有利于诊断跳闸矩阵是否正确。

在变电站二次设备中，主变保护装置、母差保护装置、安稳装置、备自投装置等设备有较多的跳闸出口。其中 220 kV 变电站主变保护装置由高压侧、中压侧，低压侧三部分组成，包括相间阻抗保护、接地阻抗保护、复压闭锁过流保护、零序过流保护。每一种保护逻辑分为一段、二段、三段，每一段时间都有三种或四种，由于每个保护逻辑由不同的开关跳闸，按照保护名称和跳闸对象便可以构成跳闸矩阵表，其中该矩阵的纵向为保护名称，横向为跳闸出口。某 220 kV 主变保护跳闸矩阵定义表如表 3-5 所示。以某变电站典型 220 kV 三绕组变压器为例，其主接线图如图 3-14 所示。

表 3-5　某 220 kV 主变保护跳闸矩阵定义表

位数	出口	位数	出口
0	本保护投入	6	跳低 2 分支分段
1	跳高压侧	7	跳低 1 分支分段
2	跳中压侧	8	跳中压侧母联
3	跳低压侧 1 分支	9	闭锁低 1 分支备自投
4	跳低压侧 2 分支	10	闭锁低 2 分支备自投
5	跳高压侧母联	11~15	未定义

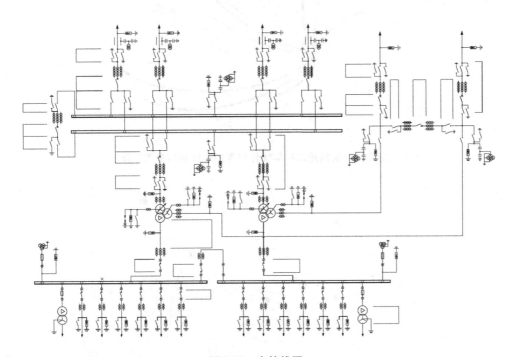

图 3-14　主接线图

利用模拟退火算法,采用 Matlab 进行了编程,初始化参数为:IED 数量为 131,初始温度为 13 100 ℃,终止温度为 0.001 ℃,温度衰减率为 0.98,内部蒙特卡罗循环迭代次数为 100。对某 220 kV 变电站变压器保护跳闸矩阵进行了分析。图 3-15 为跳闸矩阵布局优化前保护和跳闸对象关系图,图 3-16 为跳闸矩阵布局优化后保护和跳闸对象关系图,可以看出布局优化后边的交叉数、节点分布均匀度明显减小,采用此算法可方便查看节点之间的连接关系。

通过对变电站变压器保护跳闸矩阵模型的建模,并用模拟退火算法对跳闸矩阵之间的关系进行验证,证明了应用模拟退火算法对变压器保护跳闸矩阵进行优化的优点:模型具有可读性,速度快。针对某 220 kV 变电站三绕组变压器保护跳闸矩阵进行可视化分析,并应用于培训教学过程、竞赛调考中,实例结果证明了该方法的可行性。该方法在现

图 3-15　跳闸矩阵布局优化前保护和跳闸对象关系图

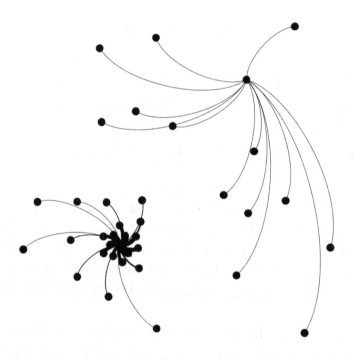

图 3-16　跳闸矩阵布局优化后保护和跳闸对象关系图

场调试、跳闸矩阵设计中也能够起到很好的可视化效果,提高了校验结果的正确率与时效性,减少了主变保护跳闸矩阵的测试时间,获得了良好的校验效果。

3.4　智能变电站保护安全稳定裕度分析

3.4.1　概述

电力系统发生区内故障时,主保护快速切除故障。往往保护及运维人员仅仅关心故障间隔的保护动作行为,对非故障间隔关注度较低。当区内故障,主保护动作跳闸的过程中,对于相邻间隔的保护装置主保护,故障电流离动作边界有多远? 如何量化? 能否研制一种系统,利用故障录波文件可视化展示相邻间隔离动作边界的距离,从而改变保护定值,提高保护装置灵敏度? 由此很有必要建设一套变电站保护装置主保护风险辨识系统。

故障录波装置的启动方式应保证在系统发生任何类型故障时都能可靠启动。一般包括电流电压突变,电流电压及零序的越限,频率越限与频率变化率,振荡判断,开关量起动,正序、负序和零序电压启动判据和智能变电站特有启动判据。智能变电站特有启动判据主要包括采样值报文品质改变、丢包或错序、单点跳变、双路采样不一致、发送频率抖动、GOOSE 丢包或错序等。录波器根据启动判据进行实时计算,一旦判据满足,就进入录波状态,录波告警继电器动作。智能故障录波装置一般要求接入的合并单元数量不少于24 台,经挑选的采样值通道数不少于 128 路,GOOSE 控制块不少于 64 个,经挑选的 GOOSE 信号不少于 512 路。由于保护装置推荐的采样率为 4 kHz,故障录波装置触发记录的采样率要求不小于 4 kHz,连续记录的采样率不小于 1 kHz。故障录波装置按照 IEC61850 规约建模,可提供 ICD(IED 能力描述文件)和动态模型读取功能。其可实现就地和远方查询故障录波信息和实时监测信息,当报文或网络异常时给出预警信号。

基于故障录波数据的继电保护动作特性分析研究,首先需分析研究故障的相关数据,其次借助不同装置、不同工作原理通过计算机软件模拟装置的动作过程,最后得到直观和准确的数据分析结果。因此,通过故障录波数据的继电保护动作特性分析可以实现对继电保护动作不足的完善,有效提升继电保护的工作效率和工作质量。通常情况下,故障录波数据的机电保护动作特性系统包含以下四方面内容。

(1)录波数据格式转换及文件管理:主要是对故障录波文件中的数据进行分析和提取,同时负责将数据转换成系统所需格式。

(2)电网故障辅助分析:在进行继电保护动作特征分析过程中,需要实现自动辨识、故障距离测量等功能,通过电网故障辅助分析为这些功能的实现和数据的测量提供辅助工具支持。

(3)故障录波再现及分析:通过对故障波形进行如回放、缩放或打印等再处理,为相关工作者提供一个可以实现平面分析和完整观测的界面。

(4)继电保护动作行为:主要是系统的主要装置配置,例如母线、变压器和其他线路等。

作为继电保护分析系统的重要组成部分,录波数据格式转换和文件管理是系统另外三个组成部分的基础。它的主要功能模块包含录波文件管理和录波数据格式转换。

录波数据文件及格式包括如下内容：

（1）头文件：相关工作人员在使用该项工具时，借助头文件可以对系统中的文件数据和相关信息进行全面了解。头文件一般采用 ASC Ⅱ 的格式，借助文字处理编辑形成，能够对故障录波进行详细的辅助说明工作。

（2）配置文件：是对故障录波的相关数据进行具体说明，同样是由文字处理编辑而成的，可以使用计算机的相关软件生成 ASC Ⅱ 格式的文本文件。配置文件的功能是对计算机软件中的数据进行分离，并从中找出重要信息，帮助计算机在编程时更加便捷地读取程序。例如：借助配置文件对格式进行固定，以降低计算机在编排工作时进行繁杂的操作。一般情况下，配置文件中存在多行字符时，可以借助逗号对字段进行区分。需要注意的是，字段可以存在空白，但逗号的分隔符不能缺少。每一行结尾常采用回车键和换行键表示。

（3）数据文件：对每个装置模拟通道中的数据按照采集时间的不同进行记录。数据的记录文件可以分为通过文本编辑格式记录的数据文件和通过二进制方式记录的数据文件。若采用文本编辑格式，每个数据之间采用逗号进行分隔；如果采用二进制格式，则不需要采用分隔符，因为二进制格式可以对数据进行连续记录。

（4）信息文件：主要是对一些额外信息进行记录，方便相关使用者在进行系统操作时使用，所以信息文件多由系统工作人员创建。

3.4.2　录波文件的管理

通过对录波文件进行合理管理，可以提升对继电保护动作特征分析的有效性和准确性。借助录波数据的格式转换功能，可以更好地实现录波文件管理模块的相关功能。录波器中，以时间为标准，对录入的文件进行命名，可以有效避免录波文件出现重叠或混淆问题，且可以将同一时间的所有文件放置在同一个录波器文件夹中，方便相关工作人员查找。

3.4.3　故障录波数据的继电保护动作特性分析

3.4.3.1　基于故障录波的故障波形再现及分析

（1）为了确保故障录波数据有效显示，提升故障波形图的准确性，对故障波形图的时间坐标处理过程可以采用无级别缩放的方式。

（2）故障波形图处理过程中，借助游标功能可以快速找出故障波形图的高峰点和冲突点，为分析提供理论支持。

（3）在进行再现故障波形图分析过程中，为确保故障录波数据结合的紧密性，推动数据分析的准确性，可以对一些故障录波数据进行增加或删减。

（4）在进行虚拟通道的数据分析中，常采用四则运算方法，为波形操作提供了便利条件。

（5）系统可以实现对重要数据的存档保护功能，具有数据保存和打印功能。

3.4.3.2　给予故障录波的继电保护动作行为分析

继电保护是提升电力系统整体运营能力的关键组成部分。因此，在进行故障录波数据的继电保护动作特征分析过程中，需要对波形参数进行重点分析研究。

（1）需要对电力系统进行分析研究，将正常运行状态的波形作为分析研究的标准。

（2）借助浪涌识别算法进行相关计算过程，对故障波形和信号进行有效识别。

（3）采用形态学滤波法对故障波形中出现的干扰信息进行过滤处理，处理后再进行相关信息数据的分析和计算，最终得到电阻数值。

（4）保护动作行为可以有效对电力系统中变电设备和电压器进行差动保护，因此借助电阻数值可以对继电保护动作进行详细有效的分析。

3.4.4　基于故障录波数据的安全裕度分析

继电保护中差动保护作为主保护，有着至关重要的作用。

3.4.4.1　扇环制动判据

电流互感器可以带来幅值和相角两个方面的误差，保护装置之间的同步误差会引起电流相量的相角误差。传统的差动保护判据最终比较的是动作量和制动量的幅值，采用一个制动系数来约束相角和幅值两方面的误差影响。若从幅值和相角两个方面形成独立制动约束，使新判据独立控制幅值误差和相角误差的影响，则可以更有效地解决电流互感器和同步误差引起的不平衡电流问题。

从安全性的角度考虑，根据区内、区外故障特性，在 ρ 平面上架构理想的差动保护动作特性必须遵循以下原则：

（1）由于区外故障或正常运行时两侧电流幅值相等而相位相差 180°，即 $\rho=-1$，因此要求差动保护动作区远离原点。

（2）由于单侧电源运行时，区内故障的负荷侧电流为零，即 $\rho=0$，则要求差动保护动作区包含原点。

（3）为了保持整个制动区的相移制动能力一致，制动区应呈扇环形，并且关于水平轴对称。

因新判据的制动区呈扇环形状，故命名为扇环制动。新判据表达式有两个参数：一个是控制幅值误差影响的扇环内径 R，用来调整判据对内部轻微故障的灵敏度；另一个是控制相角误差影响的制动边界角，可以用来调整判据的相移制动能力。两者相互独立并且共同作用，可以达到同时将幅值误差和相角误差控制在所需范围内的制动效果。

3.4.4.2　等效比率制动判据法

为了能够在差动电流-制动电流平面上与传统的方案进行特性对比分析，本书提出等效比率制动判据法。把扇环制动判据所使用的保护动作边界角和内圆半径两个参数分别等效成最大值比率制动判据所使用的斜率参数来表示，并把算法的制动特性分为相角误差制动特性和幅值误差制动特性，在两个差动电流-制动电流平面上表示。新算法的动作特性可以描述为：若运行点同时落在两个等效比率判据的制动区内，则新判据就处于制动状态；若运行点落在任意一个等效比率判据的动作区内，则新判据就处于动作状态。

若已知 ρ 平面的运行点为 $\rho=M\angle\lambda$，则其在差动电流-制动电流平面相角误差制动特性上的运行点坐标，其射差动电流-制动电流平面幅值误差制动特性上的运行点坐标。

例如 $(\rho<0.7)\cup[\arg(\lambda<120)]$ 判据的相角误差制动特性等效于制动系数 $K_p=1$ 的最大值比率制动特性，其幅值误差制动特性等效于制动系数 $K_m=0.3$ 的最大值比率制动特

性。新判据在差动电流–制动电流平面上的等效特性如图 3-17 所示。从图 3-17 中可以看出,相角误差的制动区明显增大,增强了对电流互感器传变误差的相角分量和同步误差的可靠性;幅值误差的制动区明显缩小,有利于提高对区内轻微故障的灵敏度。

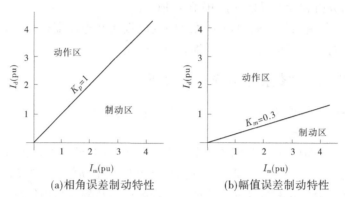

(a)相角误差制动特性　　　　　(b)幅值误差制动特性

图 3-17　新判据在差动电流–制动电流平面上的等效特性

3.5　基于设计图电缆清册的数据可视化

电缆清册中包含了相关的电缆数据信息,可以通过网络可视化分析方法,对电缆清册各电缆连接关系进行可视化分析。对电缆清册数据特点进行了分析,并对电缆清册数据可视化建模,对电缆、网线、光纤进行了可视化布局分析,并用某智能变电站的电缆清册进行了验证测试,测试结果表明该方法便于设计人员和施工人员分析查找及优化问题,提高工作效率。

数据网络可视化是针对网络型数据进行可视化分析和挖掘的方法,基本的网络图包括节点和支路,通过网络图的可视化分析和挖掘可以对节点之间、节点和支路之间、路径等进行相关可视化分析。电缆清册描述了电缆的编号、起点和终点、长度、型号等信息,因此电缆清册中包含了相关的电缆网络数据信息,可以通过网络可视化分析方法,对电缆清册各电缆连接关系进行可视化分析,便于设计人员和施工人员分析查找及优化相关问题。

3.5.1　电缆清册数据特点分析

由电缆清册数据构成的网络可视化图相当于由电缆起点和终点的合集构成的节点数据和由电缆连接关系构成的支路数据。如果考虑数据流向,起点和终点则是一个有向图。由于电缆起点和终点会有相同的支路,但编号不同,有些电缆可能在屏内转接,所以有自环情况,采用一些专用图分析可视化软件时需要进行处理。

电缆清册往往根据不同类型(例如电缆、光纤、预制光缆、网线等)编制,因此可以考虑根据不同类型进行可视化布局分析,如果需要分析不同类型支路的重合分布情况,则需要进行总体可视化布局分析。根据不同电压等级、不同类型屏位、不同电缆型号等,可以分组,更好地进行层次可视化分析。

3.5.2　电缆清册数据可视化建模方法

电缆清册的可视化建模是在现有的电缆清册基础上进行图分析的可视化建模。一般的可视化分析需要对节点和支路分别建立模型。

3.5.2.1　节点表建模

节点表的起点和终点由电缆清册中屏柜的安装点构成,这些节点构成了整个电缆网络涉及的安装节点。为了更好地进行层次可视化分析和分组可视化分析,由于图可视化需要通过节点名称进行识别,因此节点表的节点名称应与电缆清册的安装点名称一致。除此之外,对相关节点应考虑设置一些属性,例如安装节点类型(例如保护屏、测控屏、公用屏、直流屏等)、安装节点所属间隔(例如线路、主变、母线、公用等)、电压等级、安装位置(例如保护室、开关室、一次场地等),设置这些相关属性可以按照不同节点类型进行分组可视化布局,从而更利于使用人员利用经验进行分析。节点表如表 3-6 所示。

表 3-6　节点表

NodeID	Label	Nodetype	Degree	Position
节点名	节点标签	节点类型	节点电压等级	节点位置

3.5.2.2　支路表建模

支路表由电缆清册的每行记录构成,主要包括支路名称(用电缆编号作为名称最合适)、支路起点和终点,这三个属性是必须的。除此之外,还需考虑一些支路属性,便于进行分组层次可视化分析,可以考虑的支路属性包括支路类型(例如电缆、光纤、网线等)、电缆类型、电缆规格、电缆长度等。支路表如表 3-7 所示。

表 3-7　支路表

BranchID	Type	Label	Length	Source	Target	Degree
支路编号	支路类型	支路标签	长度	起点	终点	规格

3.5.3　电缆清册数据可视化测试

电缆清册节点表建模和电缆清册支路表建模中,由 41 个节点和 217 个支路构成电缆清册连接关系网络图。

3.5.3.1　总体布局测试

Gephi 软件测试情况:为了便于更好可视化,节点颜色和节点大小根据节点类型进行区别,支路根据类型进行区别,其中蓝色为电缆,橙色为光纤,绿色为网线。

(1)总体布局力导向算法布局测试如图 3-18 所示。

(2)总体布局 Huyifang 算法布局测试如图 3-19 所示。

(3)总体布局圆形算法布局测试如图 3-20 所示。

3.5.3.2　电缆布局测试

(1)电缆布局力导向算法布局测试如图 3-21 所示。

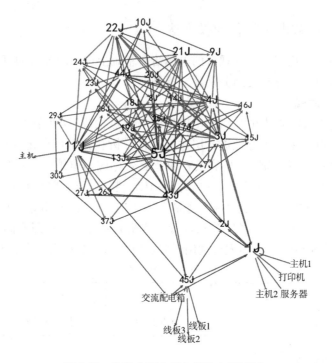

图 3-18 总体布局力导向算法布局测试

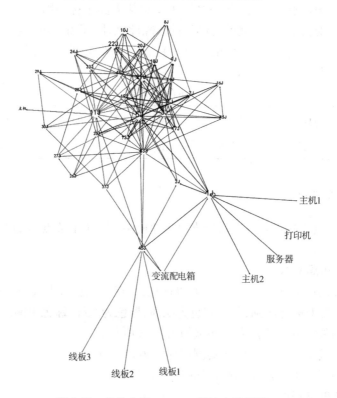

图 3-19 总体布局 Huyifang 算法布局测试

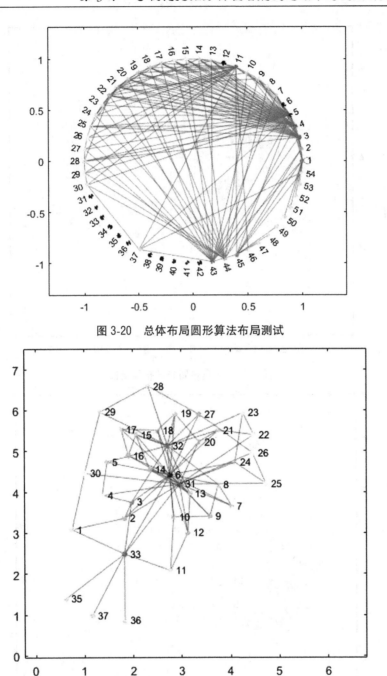

图 3-20　总体布局圆形算法布局测试

图 3-21　电缆布局力导向算法布局测试

（2）电缆布局光纤布局测试如图 3-22 所示。

（3）电缆布局网线布局测试如图 3-23 所示。

电缆清册宜根据不同类型分组进行可视化布局，以更好地进行分析。如果图节点和支路数目过多，显示很复杂，难以进行更好地分析，通过可视化软件自动布局，能够对节点是否正确进行检验。某 500 kV 智能变电站中，导入图纸后发现增加了 10 多个节点，原因在于电

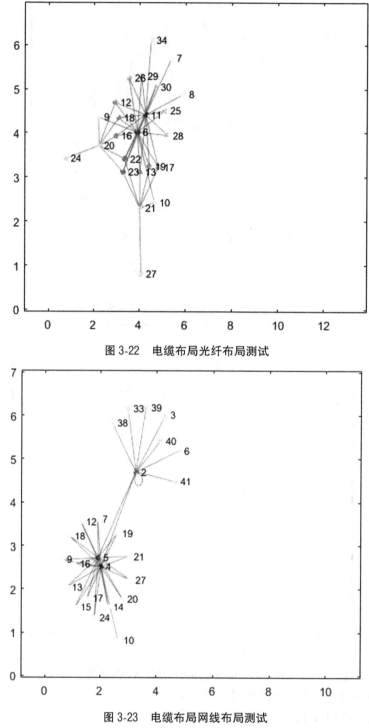

图 3-22 电缆布局光纤布局测试

图 3-23 电缆布局网线布局测试

缆清册中节点名称不对应。采用清册可视化布局能够更好地进行相关连接关系展示。

第4章　基于大数据的可视化分析及态势感知技术在数字电网中的应用研究

4.1　图分析及可视化技术介绍

4.1.1　图分析及可视化概述

网络是一种常见的用于描述诸对象(节点)及其相互间联系的数据结构模型。从数学层面讲,网络就是由节点和连线构成的图,因此在信息可视化相关文献中网络(Network)和图(Graph)的概念是等同的,可相互替代。网络中的对象表示为节点,两点间的关系表示为连接(也称为边)。节点一般表示为一个圆形、正方形或长方形,而边一般表示为连接两点的直线或曲线。

网络可视化作为信息可视化的一个重要分支,涵盖了其涉及的所有常见任务,例如检索值、筛选、计算派生值、查找极值、排序、确定属性值范围、刻画分布、发现和揭示关联、查找相邻节点、扫视浏览和集合操作等。

网络图的基本任务包括:

(1)基于拓扑的任务,例如邻接(直接连接):查找一个节点的所有邻接节点的集合;确定一个节点的邻接节点数量;确定哪个节点拥有最多的邻接节点。

(2)可达(直接或间接连接):查找一个节点的所有可达节点的集合;确定一个节点的可达节点数量;查找距离不大于给定节点的可达节点集合;确定距离不大于给定节点的可达节点数量。智能变电站中有些有向图可以进行划分,如SV数据是单向的,GOOSE可能单向或者双向,根据实际采集到的信息,可以给出实际信息连接拓扑和虚端子拓扑信息的比较,对于网络发送错误信息等可以进行比较!

(3)公共连接:在给定节点中查找与其中所有节点均连接的节点集合。

(4)连通性:查找两个节点之间的最短路径;识别聚类(可以和数据挖掘结合);识别连通分量(子图);查找桥;查找连接点。

(5)追寻路径:跟踪一条给定路径;重新回溯到原先访问过的节点。

(6)概览任务:快速获得关于网络的一些概要信息。它是最常见的可视化应用。

更高级的应用:

(1)比较两个或者多个网络的异同:对于智能变电站或者智能电网包括虚端子等,可以进行基于图的分析和比较。

(2)网络随时间的变化:动态网络可视化是近年的热点,包括态势感知图,另外流图(包括信息流图)也是重点——对于故障时的网络变化数据,相关一、二次设备构成的关联网络都属于动态网络,可以利用网络图的分析手段结合实际情况进行分析。

目前图分析在社交网络分析、网络安全分析等商业应用领域很成功。就图分析而言,主题和对象都可能是节点,连接表明关系,图适合表达关系。相对于矩阵图而言,图更适合表达相互关系,从数学上,节点连接矩阵表示图的关系,可以进行图的运算和映射等。

4.1.2 典型的图

(1)树图:典型的辐射状图,由根节点和其他子节点构成。树图可视化有多种模式,典型的文件系统属于树结构、数据挖掘的决策树等。基本可视化方法包括节点-链接布局、经向布局、填充法等,目前用得最多的是第一种,但在某些领域采用填充法或许更好。树图不是本书讨论的重点。

(2)弦图:用于多个对象的相互连接的分析,例如物流等。

(3)网络图:常见的布局算法有力导向算法、动力学算法、节点链接矩阵图、层次网络图、聚类网络图等。根据不同的应用采用不同的布局方式。在此基础上考虑时间则构成时间序列图、流图、动态网络图等。

(4)态势图:结合态势感知分析构成的图,事实上所有的态势感知都可以表达为态势网络图,因为态势网络图最早是用于网络安全的,但其网络布局方法完全可以采用传统的布局方式,结合态势感知的参数变化进行优化。智能变电站二次网络、交换机网络、广域保护的通信网络、整个电网的保护系统都适合进行态势感知分析,并利用态势网络图进行分析和挖掘。

(5)多视图:随着大数据的应用,不同维度、不同类型的数据结合在一起,对于数据挖掘中重要的关联性分析,进行多网络视图协调的多视图是目前研究的热点。多视图可以作为关联分析的很好补充,尤其是交互式的多视图关联分析,比采用人工智能方式挖掘关联关系可能更直观。它也可以作为目前智能电网的一个重要研究方向。

4.1.3 图的分析技术

(1)图过滤技术:基于节点属性进行不同对象的分析。

(2)图的特征计算:度、网络节点、子网络、图密度等。

(3)图的聚类:基于图的分析、社团查找、簇的查找等。

(4)图的映射和关联:基于图的节点重新排列或者矩阵运算,发现图的一些特征或者关联信息。

(5)图的划分:寻找最大的子图、子图划分、巨人网络图等。

4.1.4 图分析和可视化建模及应用方法思考

基于图的分析和可视化技术目前是大数据分析、数据挖掘与分析的一个重要分支,在一些科学分析,尤其是基因查找和分析中得到很好应用,也有专门的分析软件(例如 Cytoscape)。在电力系统可视化中,应用图分析并不多,在二次系统进行基于网络图的分析和可视化还属于空白。

对智能电网一、二次系统进行图分析和可视化,首先要建立起模型,即节点和连接数据集。需要注意的是,节点为研究对象,连接表示不同的意义,根据需要建立连接。图分析能够找出并理解反常现象,例如意料之外的连接或流动(如欺诈等)、虚端子可识别误连接。连接不一定是直接物理连接,也可能是其他逻辑连接,例如住院病人转院医生的连接、电脑间发送的接收信息连接等。其次可视化连接和连接模式对于识别风险很有用,关键是选择哪种连接或模式能够体现出潜在风险。连接的多重化揭示不同的问题,不同时间可以查看不同的连接方式。最后连接还可以考虑相关性,或者某种关联概率,矩阵也是一种连接。

对于智能电网二次系统而言,可以应用的网络图数据源分析如下(关于此部分其实可以作为专题研究,分析挖掘可以利用的图数据源进行图分析和可视化)。

4.1.4.1　智能变电站可以应用的网络图数据源分析

1. SCD 文件

SCD 文件本身采用 XML 语言,其文件架构本身是树图结构,其中通信部分也是树图结构,但其中隐藏的信息是所谓的虚端子连接信息:IED 为节点,以通过 input 构成的 IED 间的虚连接为连接对象。除此之外,如果用于关联分析,其节点还可以以 SCD 文件中涉及的厂家作为节点(如果分析的重点是 SCD 文件中厂家间的 IED 的关联配合情况的话)。目前研究最多的就是 SCD 文件系统的图可视化分析。

2. 智能变电站通信网络

智能变电站各类 IED、交换机、路由器、监控系统都可以作为分析节点。

连接方式 1:理论上包含任何 IP 地址或者 MAC 地址的设备都可以作为节点。这样源 IP 和目的 IP 之间的任何通信连接都可以作为通信报文分析的图可视化。此连接重点分析连接信息的报文异常、流量等。

连接方式 2:基于设计院的实际物理连接也可以构成物理连接图,其连接变为光纤物理连接,此连接重点分析光纤物理连接的状态,比如通信口发送的光功率变化、光口温度变化、通信口流量变化、报文的误码率等。通过其他的数据可以进行关联可视化分析。

3. 智能变电站 IED 运行状态网络图

对于运行中的智能变电站而言,可以通过各 IED 采集或者上送的各类信息收集到各 IED 系统的运行数据,对于其本身而言,包括自身是否有异常、压板状态、装置温度、光口监视情况、通信连接状态等。其采集的信息量(例如电流电压值、GOOSE 中报文情况)可以在 SCD 虚端子图作为底图的情况下形成运行的动态网络图。采集的信息可视化后可以和监控系统的一次主接线图进行关联分析。另外,基于压板和定值信息构成的网络图,可以进行目前流行的智能变电站二次安措系统可视化分析。

4. 智能变电站故障情况下的图数据源

智能变电站故障时,根据收集的网络分析仪数据、故障录波器、各 IED 自身录波数据、监控系统数据、一次系统本身数据、其他辅助系统数据,可以进行基于故障分析和诊断的图可视化分析。采用时间序列图(用于细节分析)及动态网络图(用于总体分析)两种方式,以及二者结合的多图分析方式。另外,可以考虑结合目前流行的继电保护故障可视化分析系统。

4.1.4.2　继电保护二次系统可以应用的网络图数据源分析

1. 运行中的保护数据

目前对于保信主站或者调度主站侧的保护监视系统,其状态信息主要为表格或者列表形式。基于保护设备为节点,各保护间的跳闸或者通道为连接可以构成网络图。一次主接线图本身为一个网络,保护和被保护一次设备(如线路、母线等)或者控制设备(如相关断路器)等为连接,则构成多种类型的网络图(节点类型多种),可以进行运行中保护状态数据、一次潮流数据、压板状态数据、保护通道数据等的可视化分析和态势感知。另外,基于保护采集到的信息可进行正常运行情况的安全域可视化。

2. 整定计算数据

在整定计算网络图基础上,通过重新优化布局及不同分析建模进行图分析。图的优化布局:节点大小根据保护重要度计算,连接线的粗细和颜色通过定值大小等控制。整定配合图:考虑节点为具体的元件(例如距离保护、零序保护等)、连接为距离保护,以及零序保护间是否配合、权重为配合系数等构成整定计算配合网络分析图。灵敏度配合图:基于整定计算优化图,节点为具体的保护元件(例如距离保护、零序保护等),其节点值权重为灵敏系数,连接为保护配合状态,基于图分析进行灵敏度配合分析。

3. 故障录波器数据

故障录波器记录的信息主要是针对本站的信息,记录信息全面,且时间基准一致。目前对于故障录波器的数据分析基于传统的方式,故障信息并未被有效利用。故障录波器收集的信息中,接入的保护设备可以作为节点,接入的断路器也可以作为节点,保护和断路器的控制关系作为连接,这样对于故障录波器本身就可以开发基于这样的节点–支路网络图,用于分析复杂情况下的保护和一次动作过程可视化;此外,结合故障录波的各种开入信息和对故障量的诊断分析,利用将计算和分析或者挖掘结果节点和支路属性构成的网络图,可以进行更深入的复杂分析(例如某个开入的异常监测、某个电流支路的异常分析等)。

4. 综合数据及利用

保护录波自身的可视化分析目前国家电力调控中心在推广,一些厂家已经研发了能够将内部保护动作逻辑结合故障波形的可视化分析软件,局限性在于其在保护自身动作有问题时能够起到很好的作用,但对于涉及外部及综合性的故障分析则不适合,因此将故障录波器故障信息、保护录波信息、整定计算信息、一次潮流信息、自动化监控系统信息进行综合数据挖掘和基于多图的可视化故障信息是一种较为合适的方式。

故障节点以保护和一次设备为主;如果分析整定配合,则节点可以考虑具体的差动、距离零序等元件;连接关系根据分析的目标,可以考虑控制关联、配合关联、相关性连接、物理连接、动作逻辑连接等。

4.1.5　目前在智能电网中的应用情况

可视化技术在智能电网中应用不是很多,网络可视化的研究论文也很少。可视化技术在智能电网中采用最多的是在调度系统,包括潮流图(见图4-1)、地理接线图等。而且应用主要集中在可视化方面,图分析和可视化结合方面应用得并不多。

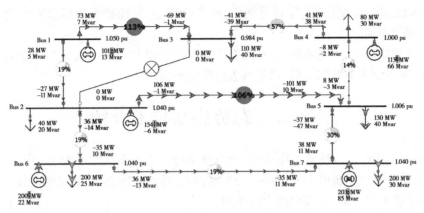

图 4-1 潮流图

国外最早的潮流单线图如图 4-2 所示。

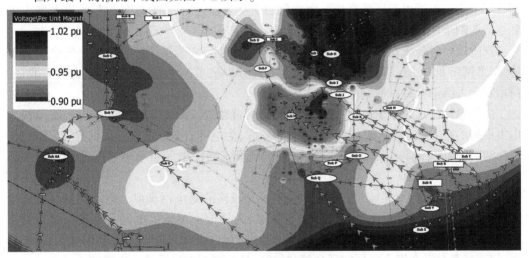

图 4-2 潮流单线图

4.1.6 目前应用存在的问题

图分析和可视化对于智能电网中需要探索节点(对象)及连接(对象间的关系)是很有效的,并且可以很好地与数据挖掘及分析结合起来,但目前这方面的研究不多。主要的可视化目标是更直观地将所关注的信息展示出来,而图分析和可视化的目标是通过图布局技术、图分析计算、图过滤技术、图查询及交互技术进行网络的特征分析、网络异常分析等。

目前智能电网中图分析和可视化主要集中于输电网和配电网、调度自动化系统潮流等可视化,对于二次系统的图分析及可视化还未见到相关文献,结合数据挖掘、故障诊断、人工智能分析等技术的图分析和可视化技术是一种值得研究的课题。

其他思考:变电站一次主接线图的自动生成技术。将实际间隔组件替换过程层间隔,可以实现类似于一次主接线图的层次布局。在整定计算网络,根据变电站信息、线路信息

(包含站间联系),自动生成整定计算网络,研究合理布局、保护配置信息可视化布局、定值信息可视化布局。

实际工程应用中,一般流程是:在现有手动网络基础上,主要是通过网络布局,得到邻接矩阵图,再重新生成网络布局,最后再进行优化布局。

4.2 态势感知技术介绍

态势感知(SA)是一种基于环境的、动态整体地洞悉安全风险的能力,是以安全大数据为基础,从全局视角提升对安全威胁的发现识别、理解分析、响应处置能力的一种方式,最终是为了决策与行动,是安全能力的落地。

态势感知的概念最早在军事领域被提出,覆盖感知、理解和预测三个层次,并随着网络的兴起而升级为"网络态势感知(Cyberspace Situation Awareness,CSA)"。旨在大规模网络环境中对能够引起网络态势发生变化的安全要素进行获取、理解、显示,以及最近发展趋势的顺延性预测,进而进行决策与行动。

现阶段面对传统安全防御体系失效的风险,态势感知能够全面感知网络安全威胁态势、洞悉网络及应用运行健康状态,通过全流量分析技术实现完整的网络攻击溯源取证,帮助安全人员采取针对性响应处置措施。

态势感知技术应用于电力系统,可促进电网自动化各系统应用功能的融合,显著提升电力系统的智能化水平,有效提高电网运行效率,为电网安全稳定运行提供有力保障。其重要的"预测能力"和"决策支持能力",是实现真正智能电网所不可或缺的重要组成部分。

近年来,国内电网领域对态势感知技术研究较多的是电网调度。电网的信息数据量详尽而又庞大,如何形象生动地显示运行信息,为调度人员提供电网实时数据的分类管理,并挖掘出那些对电网运行有重要影响的数据,对这些数据进行形象表达,显示系统薄弱环节,甚至对潜在安全问题实现预警和控制,是电网调度面临的一大问题。

从目前国内外电网态势感知技术研究应用情况来看,当务之急是实现态势感知技术理念中的广域信息获取,加强统计数据质量管理,建立完善的统计指标体系,然后借助大数据技术的数据分析方法,对大量数据进行建模分析,实现企业运营与电网运行态势感知的理解和预测功能,最后构建基于数据的决策支持系统,协助管理人员和运维人员进行生产经营和系统运行决策,最终形成完整的电力企业运营与电网运行态势感知系统。

传统的网络态势感知通常聚焦于传统网络应用,目前已在工业控制系统、物联网、广域网等应用领域不断拓展。随着网络计算的泛化,网络态势感知应用也将会深入拓展到移动计算、边缘计算、云计算、机会网络、星际网络等方面。

态势感知的定义:基本上,态势感知是感知你周围发生了什么事情,了解对应的信息对你现在和将来的意义是什么。这种感知以对特定工作或者目标的重要性为标的而组织起来。SA的概念通常应用于人工操作的情境,人们因特定缘由必须有情境意识,例如为了开车、病人紧急治疗,空中交通控制中心进行交通分流。因此,SA通常根据一个特定的工作或功能的目标来定义。

SA 的正式定义是：一定时间和空间环境中的元素的感知,对它们的含义的理解,并对它们稍后状态的投影(恩兹利,1988)。态势感知这个词最早来自于军队飞行员的领域,在这个领域中实现高水平的态势感知是至关重要的,同时也富有挑战性。态势感知在许多其他领域也很重要,虽然命名可能不同。例如,在空中交通管制者的世界里,它们一般指的是一种想象,一种情境在意识中的表现形式,也是他们做出决策的基础。

根据这一定义,不同领域的 SA 差别会很大,SA 作为决策和执行的基础,几乎适用于每个活动领域。SA 被广泛领域所研究,例如教育、驾驶、列车调度、维修、发电厂业务,以及天气预报、航空和军事行动。使用 SA 作为决策和性能的关键驱动因素也超出了这些领域的非工作相关的活动,包括娱乐和体育专业队、自我保护,甚至表演。态势感知是现实世界变化的知识,是有效决策和行动的关键。

对 SA 的正式定义分解为三个独立的层次:

(1)Level 1——对环境中元素的感知。

(2)Level 2——对当前形势的理解。

(3)Level 3——对未来状况的投影。

4.2.1　一级 SA:对环境中元素的感知

实现 SA 的第一步是感知环境中的相关元素的状态、属性和动态。对于每个域和作业类型,所需要求是完全不同的。飞行员需要感知的要素包括其他飞机、地形、系统状态和警告灯,以及它们的相关特性。在驾驶舱里,持续监控所有相关的系统和飞行数据、其他飞机和导航数据的任务相当繁重。一个军官需要探测敌人、平民和友军的位置及行动,地形特征,障碍和天气。一个空中交通管制系统或汽车司机有一套不同的态势感知。

信息的感知可以通过视觉、听觉、触觉、味觉、嗅觉,或一种组合实现。例如,一个葡萄酒制造商可能会在发酵过程中通过味道和气味或通过视觉检查收集关键信息的状态。医生使用所有的感官和可以得到的信息,以评估病人的健康状况。这些线索十分的敏感微妙。一个训练有素的医生可以听到心跳节奏细微的差别,可以在心电图上观察到显著的结果,而未受过训练的观察者做不到这一点。一个有经验的飞行员只是听到发动机的音调或看到在空气场上的灯光模式就可以知道有些地方出了错误。在许多复杂的系统中,电子显示器上会有着重复的提示,但现实是,一级 SA 的大部分来自个人对环境的直接观察——看窗外或感觉的振动。与他人的语言和非语言交流形成一个额外的信息来源,对一级 SA 也有帮助。

这些信息的每一个都与不同级别的可靠性联系在一起。信息的可信程度(基于传感器、组织或个人提供),以及该信息本身,组成了大多数领域一级 SA 的一个关键部分。

在许多领域,检测到所有所需的一级数据,可以说是相当具有挑战性的。在军事行动中评估情境的所有需要的方面往往是困难的,由于模糊的视觉、噪声、烟雾、混乱和情境的迅速变化,陆军军官必须设法确定当前的事态,而敌人的部队正在积极努力隐瞒该信息或提供虚假信息。在航空领域,跑道标志可能会很差,相关的信息可能不会被传递给飞行员。在非常复杂的系统中,如发电厂或先进的飞机上,有大量的竞争信息存在,感知所需的信息相当具有挑战性。在这些几乎所有的领域中,大量的数据不断地争夺着个人的注意力。

4.2.2 二级 SA：对当前形势的理解

实现良好 SA 的第二步是理解数据和线索对目标和目的意味着什么。理解第二级 SA 基于不相交的一级元素的综合，以及该信息与个人目标的对照。它涉及集成许多数据以形成信息，并且优先考虑组合信息与实现当前目标的重要性和意义。二级 SA 类似于具有高水平的阅读理解，而不仅仅是阅读单词。

通过理解数据块的重要性，具有二级 SA 的个体将特定目标相关的含义和意义与手头的信息相关联。

4.2.3 三级 SA：对未来状况的投影

一旦人们知道这些元素是什么及它们对于当前目标意味着什么，预测这些元素至少在短期内将做什么的能力构成了三级 SA。一个人只能通过了解二级 SA 的情况及它们正在使用的系统的功能和动态，才能达到三级 SA。

4.3　常见可视化软件介绍

数据可视化正在帮助全球的公司识别模式、预测结果并提高业务回报。可视化是数据分析的一个重要方面。简而言之，数据可视化以可视格式传达表格或空间数据的结果。图像有能力清晰地捕捉注意力并传达想法，这有助于决策并推动改进行动。

4.3.1　Gephi 软件

Gephi 是一款开源免费跨平台基于 JVM 的复杂网络分析软件，主要用于各种网络和复杂系统，是动态和分层图的交互可视化与探测开源工具。可用于探索性数据分析、链接分析、社交网络分析、生物网络分析等。

Gephi 的基本使用如下。

4.3.1.1　文件导入

点击菜单栏中的"文件" —"打开" 后即可输入选择的文件，支持的文件类型有很多，可以在"文件类型"中选择。输入文件后产生一个输入报告，报告中有关于节点和边的信息等。点击输入报告中的"确定"后，产生一个初始图像。若要从数据库中导入，则选择"文件" —"输入数据" —"边名单"。若要随机生成一个随机图，则选择"文件" —"生成" —"随机图"，可以输入点数和连线的概率。

4.3.1.2　可视化操作

可以滚动鼠标滑轮，对图像进行放大或缩小，点击鼠标右键可以将图形进行拖动。

4.3.1.3　布局/流程

可以选择下拉框中的 12 种布局方式，前面 6 种是主要布局工具，后面 6 种是辅助布局工具。选择一种布局算法，点击"运行"即可看到布局效果。最常用的是力导向算法（Force Atlas 和 ForceAtlas 2）、圆形布局和胡一凡布局，如图 4-3 所示。

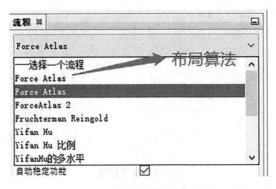

图4-3 布局/流程选择界面

4.3.1.4 统计

图的特征可在统计功能模块中计算得到,其模块如图4-4所示。单击图中标记区域,可计算相应的图的特征数值,如要查看详细内容,可单击"问号"图标,产生相应的报告。

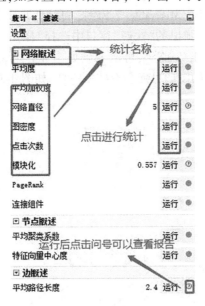

图4-4 统计功能模块

4.3.1.5 排序

排序模块如图4-5所示,基本功能已在图中标示。

4.3.1.6 分割

分割也是一种归类,把值相同的节点或边用不同的颜色标示出来,还可把值相同的节点组合成一个节点。

4.3.1.7 过滤

在作图过程中经常需要把一些值相同的节点或边选择出来,此时需要用到过滤工具,通过过滤功能实现选择或者将符合条件的节点和边过滤出来。

4.3.1.8 预览

预览是输出控制的环节,在预览界面可以对前面编辑的图形做最后的美化,包括图形

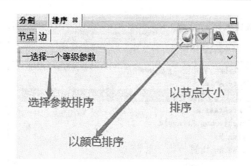

图 4-5　排序模块

外观样式的选择和显示细节的调整,之后便可导出图形。

4.3.2　Gephi 可视化步骤

4.3.2.1　Les Miserables 样例可视化步骤

以 Gephi 的自带样例"Les Miserables"为例,可视化步骤如下。

(1)打开 Gephi 软件,在弹出的"欢迎"窗口中选择"样例——Les Miserables. gexf"(见图 4-6),选择"Directed",单击"确定",可以看到如图 4-7 样式的图。因为网络图是随机生成的,所以每次打开看到的图形可能会有些不一样,如图 4-8 所示。

图 4-6　"欢迎"窗口

图 4-7　输入报告

(2)利用鼠标可以完成一些基本的操作。例如,按住右键移动图形,滚动滑轮放大或缩小图形视图。然后选择"流程"模块,点击"选择一个流程",选择"Force Atlas",将斥力

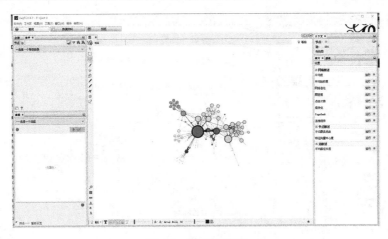

图 4-8　输出结构图

强度由 200 调为 10 000,再点击"运行",运行结果如图 4-9 所示。

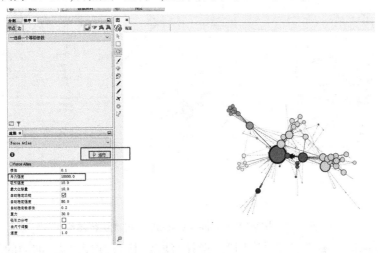

图 4-9　运行结果

(3)选择"排序"模块,在"选择一个等级参数"中选择"度",点击"运行",在此模块左下角有"结果列表"按钮,点击之后会显示排序结果,例如 Valjean 有 36 条联系,为所有节点中联系最多的节点。"排序"模块设置如图 4-10 所示。

(4)在"统计"模块中选择"边概述"下的"平均路径长度",点击"运行",选择"有向",点击"确定"之后会生成一个报表。返回"排序"模块,选择"Betweeness Centrality"并运行,再选择此模块工具栏中的"钻石"图标,将最小值设为 10,最大值设为 50,运行结果如图 4-11 所示。

(5)此时图形中的大节点会遮挡住小节点,返回"流程"模块,在"由尺寸调整"后打钩,则图中的所有节点不会有遮挡或重叠的情况。图像的下方有工具栏,点击"T"字状的图标可以显示标签,并可以利用工具栏调节线条的粗细、字体及大小等,运行结果如图 4-12 所示。

(6)点击"统计"模块"模块化"后的"运行",再选择"分割"模块,点击"刷新"按钮,

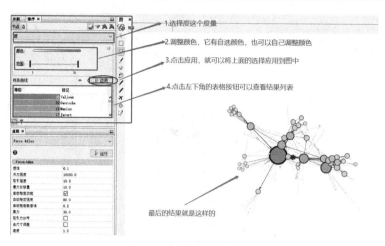

图 4-10 "排序"模块设置

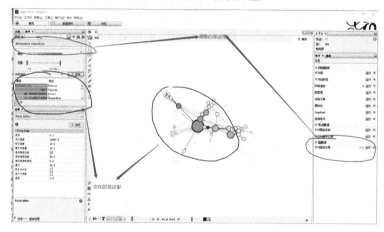

图 4-11 按照"Betweeness Centrality"排序运行结果

并选择"Modularity Class",点击"应用"。选择"滤波"模块,点击"边"前面的加号将其展开,选择"边的权重",鼠标左键按住不放将其拖到下方的"查询框"下,并将滑条拖至"2"处,点击"滤波",运行结果如图 4-13 所示。

(7)点击"预览",在预设置中的"显示标签"后打钩并刷新,运行结果如图 4-14 所示。此时可将可视化的结果输出,点击左下角的"SVG/PDF/PNG",可输出此三种格式文件。选择菜单栏中"文件"下的"保存"则可将结果保存。

4.3.2.2 总结

可视化一般要经过以下几个主要步骤:

(1)打开文档或生成一个随机图。

(2)利用"排序、流程、统计、分割、滤波"五个主要工具对图形进行可视化,可视化的顺序一般也是按照排序、流程、统计、分割、滤波的顺序进行的。

(3)对结果进行预览,输出并保存。

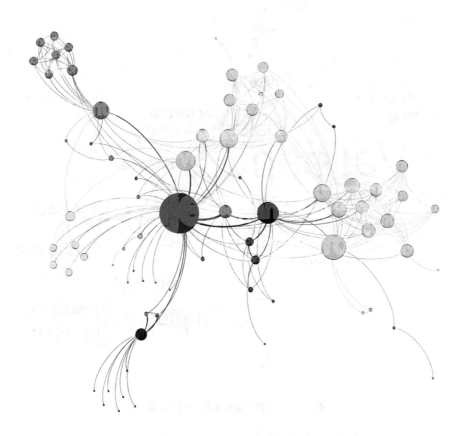

图 4-12　按照"由尺寸调整"运行结果

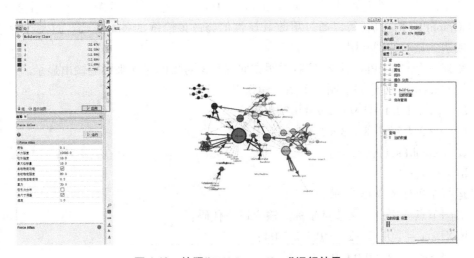

图 4-13　按照"Modularity Class"运行结果

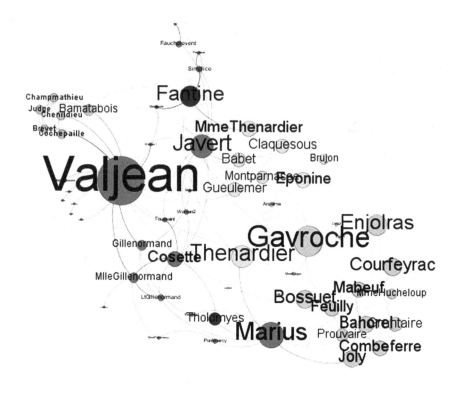

图 4-14　按照"显示标签"运行结果

4.3.3　使用 Matlab 软件实现可视化

图论图是以可视化形式呈现使用 Graph 和 Digraph 函数创建的图和网络的主要方法。创建 GraphPlot 对象后,可以通过更改其属性值修改该绘图的各个方面。这对于修改图节点或边的显示特别有用。

创建一个 GraphPlot 对象,然后说明如何调整该对象的属性来影响输出显示。

用 GraphPlot 创建并绘制一个图。输入以下代码:

s = [1 1 1 1 1 1 1 9 9 9 9 9 9 9];

t = [2 3 4 5 6 7 8 2 3 4 5 6 7 8];

G = graph(s,t);

h = plot(G)

运行结果如图 4-15 所示。

对图节点使用自定义节点坐标。输入以下代码:

h. XData = [0 -3 -2 -1 0 1 2 3 0];

h. YData = [2 0 0 0 0 0 0 0 -2];

运行结果如图 4-16 所示。

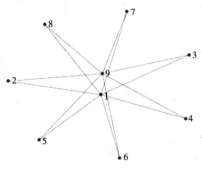

图 4-15　用 GraphPlot 创建图对象运行结果

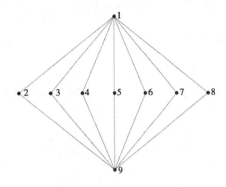

图 4-16　使用自定义节点坐标运行结果

将图节点设置为红色。输入以下代码：

h. NodeColor = 'r';

运行结果如图 4-17 所示。

对图边使用虚线。输入以下代码：

h. LineStyle = '--';

运行结果如图 4-18 所示。

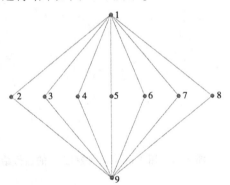

图 4-17　将图节点坐标设置为红色运行结果

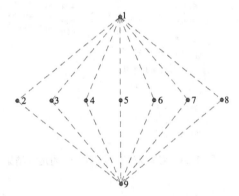

图 4-18　对图边使用虚线运行结果

增加节点的大小。输入以下代码：

h. MarkerSize = 8;

运行结果如图 4-19 所示。

用 plot(G) 绘制图 G 中的节点和边,使用稀疏邻接矩阵创建一个图,然后绘制该图。输入以下代码：

```
n = 10;
A = delsq( numgrid( 'L',n+2) );
G = graph( A, 'omitselfloops' );
plot( G)
```

运行结果如图 4-20 所示。

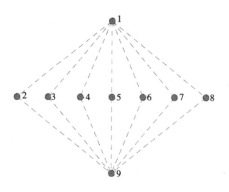

图 4-19　增加节点的大小运行结果

创建并绘制一个图。指定 LineSpec 输入来更改图的标记、节点颜色和/或线型。输入以下代码：

G = graph(bucky) ;

plot(G,'-. dr','NodeLabel',{ })

运行结果如图 4-21 所示。

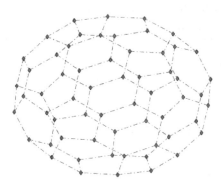

图 4-20　用 plot(G) 绘制图 G 的运行结果　　　**图 4-21　用 LineSpec 绘制图 G 的运行结果**

创建一个有向图，然后使用"force"布局绘制该图。输入以下代码：

G = digraph(1,2:5) ;

G = addedge(G,2,6:15) ;

G = addedge(G,15,16:20) ;

plot(G,'Layout','force')

运行结果如图 4-22 所示。

创建一个加权图。输入以下代码：

s = [1 1 1 1 1 2 2 7 7 9 3 3 1 4 10 8 4 5 6 8] ;

t = [2 3 4 5 7 6 7 5 9 6 6 10 10 10 11 11 8 8 11 9] ;

weights = [1 1 1 1 3 3 2 4 1 6 2 8 8 9 3 2 10 12 15 16] ;

G = graph(s,t,weights)

x = [0 0.5 -0.5 -0.5 0.5 0 1.5 0 2 -1.5 -2] ;

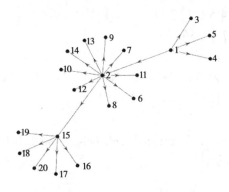

图 4-22　使用"force"布局的运行结果

$y = [0\ 0.5\ 0.5\ -0.5\ -0.5\ 2\ 0\ -2\ 0\ 0\ 0];$

$z = [5\ 3\ 3\ 3\ 3\ 0\ 1\ 0\ 0\ 1\ 0];$

$plot(G,\ 'XData',\ x,\ 'YData',\ y,\ 'ZData',\ z,\ 'EdgeLabel',\ G.Edges.Weight)$

运行结果如图 4-23 所示。

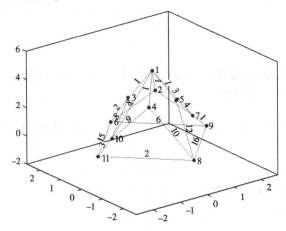

图 4-23　加权图的运行结果

创建一个加权图。输入以下代码：

$s = [1\ 1\ 1\ 1\ 2\ 2\ 3\ 4\ 4\ 5\ 6];$

$t = [2\ 3\ 4\ 5\ 3\ 6\ 6\ 5\ 7\ 7\ 7];$

$weights = [50\ 10\ 20\ 80\ 90\ 90\ 30\ 20\ 100\ 40\ 60];$

$G = graph(s,t,weights)$

绘制图,用边权重为边添加标签,使各边的宽度与其权重成比例。使用重新调整后的边权重来确定每条边的宽度,其中最大线宽为 5。

$LWidths = 5 * G.Edges.Weight/max(G.Edges.Weight);$

$plot(G,\ 'EdgeLabel',\ G.Edges.Weight,\ 'LineWidth',\ LWidths)$

运行结果如图 4-24 所示。

创建一个有向图。绘制图,并为节点和边添加自定义标签。输入以下代码：

```
s = [1 1 1 2 2 3 3 4 4 5 6 7];
t = [2 3 4 5 6 5 7 6 7 8 8 8];
G = digraph(s,t);
eLabels = {'x' 'y' 'z' 'y' 'z' 'x' 'z' 'x' 'y' 'z' 'y' 'x'};
nLabels = {'{0}','{x}','{y}','{z}','{x,y}','{x,z}','{y,z}','{x,y,z}'};
plot(G,'Layout','force','EdgeLabel',eLabels,'NodeLabel',nLabels)
```
运行结果如图 4-25 所示。

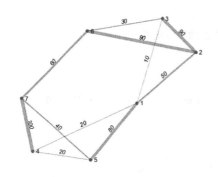
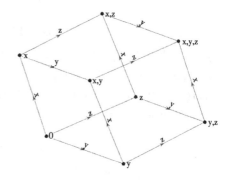

图 4-24 各边的宽度与其权重成比例的   图 4-25 节点和边添加自定义标签的运行结果
加权图的运行结果

创建并绘制一个有向图。指定 plot 的输出参数以返回 GraphPlot 对象的句柄。
输入以下代码:
```
s = [1 1 1 2 2 3 3 4 5 5 6 7 7 8 8 9 10 11];
t = [2 3 10 4 12 4 5 6 6 7 9 8 10 9 11 12 11 12];
G = digraph(s,t)
p = plot(G)
```
运行结果如图 4-26 所示。

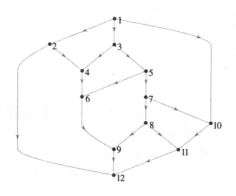

图 4-26 返回 GraphPlot 对象的句柄的运行结果

更改节点的颜色和标记。输入以下代码：

p. Marker = ' s ' ; p. NodeColor = ' r ' ;

运行结果如图 4-27 所示。

增加节点的大小。输入以下代码：

p. MarkerSize = 7 ;

运行结果如图 4-28 所示。

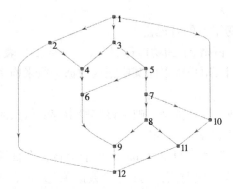

图 4-27　更改节点的颜色和标记的运行结果

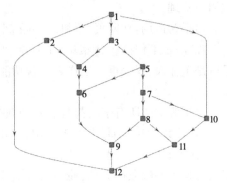

图 4-28　增加节点的大小的运行结果

更改边的线型。输入以下代码：

p. LineStyle = ' -- ' ;

运行结果如图 4-29 所示。

更改节点的 x 和 y 坐标。输入以下代码：

p. XData = [2 4 1. 5 3. 5 1 3 1 2. 1 3 2 3. 1 4] ;

p. YData = [3 3 3. 5 3. 5 4 4 2 2 2 1 1 1]

运行结果如图 4-30 所示。

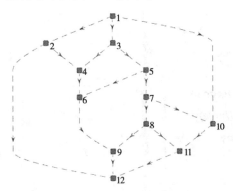

图 4-29　更改边的线型的运行结果

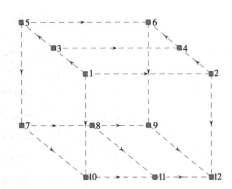

图 4-30　更改节点的 x 和 y 坐标的运行结果

4.3.4　Tableau 工具

Tableau 作为 BI 工具的领导者（2016 Gartner BI chart），它不仅是一款可视化软件，还具备不可忽略的强大的数据连接、协作、安全管理、多平台适用功能性。

数据连接：桌面表可直接连接销售报表（Salesforce），各类常用数据库（sql，aws，hadoop，SAP HANA），流量分析（Google analytics），最新的版本支持连接 json 文件。

数据更新：实现全部报表定时自动从元数据更新。

数据准备和数据处理：在 2016 年的 Tableau 大会上，Tableau 宣布即将推出一款自动化数据准备的产品，并展示了收购 Hyper 后可以做到几秒内获取百万级的数据。

安全管理：很轻易地添加用户，设置用户组，且可通过 Tabcmd 在终端设备中自动完成用户管理。

多平台适用：在网页、手机、Tablet 间实现跨平台的可视化。

Tableau 工作区包含菜单、工具栏、"数据"窗格、卡和功能区，以及一个或多个表，表可以是工作表、仪表板。工作表包含功能区和卡，用户可以向其中拖入数据字段来构建视图。

数据源中的所有字段都具有一种数据类型。数据类型反映了该字段中存储信息的种类，例如整数（410）、日期（1/23/2015）和字符串（"Wisconsin"）。

有时，Tableau 会不正确地解释字段的数据类型。例如，Tableau 可能会将包含日期的字段解释为整数数据类型，而不是日期数据类型。此时用户可以在"数据源"页面上更改曾经作为原始数据源一部分的字段（而不是在 Tableau 中创建的计算字段）的数据类型：

（1）Step 1：单击字段的字段类型图标。

（2）Step 2：从下拉列表中选择一种新数据类型。

确保在创建数据提取之前更改数据类型。否则，数据可能会不正确。例如，如果 Tableau 将原始数据源中的浮点字段解释为整数，并且用户在更改字段的数据类型之前创建数据提取，则 Tableau 中生成的浮点字段的部分精度将被截断。

若要在"数据"窗格中更改字段的数据类型，请单击字段名称左侧的图标，然后从下拉列表中选择一种新的数据类型，如图 4-31 所示。

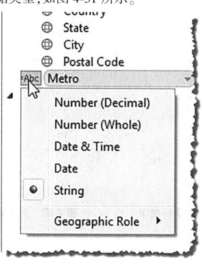

图 4-31　更改字段的数据类型设置

若要在视图中更改字段的数据类型，请在"数据"窗格中右键单击（在 MAC 中按住

Control 单击)字段,选择"Change Date Type",然后从下拉列表中选择相应数据类型,如图 4-32 所示。

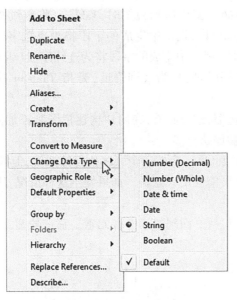

图 4-32　更改数据类型设置

Microsoft Excel、Microsoft Access,或 CSV(逗号分隔值)文件中的大多数列都包含相同数据类型(布尔值、日期、数字或文本)的值。连接到该文件时,Tableau 会在"数据"窗格的相应区域中为每列创建一个字段,日期和文本值为维度,数字为度量。

但是,用户连接到的文件所包含的列可能具有混合数据类型,例如数字和文本,或者数字和日期。连接到该文件时,混合值列将映射到 Tableau 中具有单一数据类型的字段。因此,包含数字和日期的列可能会映射为数字数据类型(将其设为度量),或者可能会映射为日期数据类型(这种情况下 Tableau 将其视为维度)。

Tableau 根据 Excel 数据源中前 10 000 行和 CSV 数据源中前 1 024 行的数据类型来确定如何将混合值列映射为数据类型。举例来说,如果前 10 000 行中大多数为文本值,那么整个列都映射为使用文本数据类型。

注意:空单元格也可以创建混合值列,因为它们的格式不同于文本、日期或数字。

当 Tableau 确定每个字段的数据类型时,如果某个字段中的值与该数据类型不匹配,Tableau 就会采用若干不同方式之一来处理字段,具体情况视数据类型而定。例如,有时Tableau 会用 Null 值填充那些字段。

连接到新数据源时,Tableau 会将该数据源中的每个字段分配给"数据"窗格的"维度"区域或"度量"区域,具体情况视字段包含的数据类型而定。如果字段包含分类数据(例如名称、日期或地理数据),Tableau 会将其分配给"维度"区域;同理,如果字段包含数字,Tableau 则会将其分配给"度量"区域。

那么,可不可以说维度就是包含分类数据(例如名称、日期或地理数据)的字段,度量就是包含数字的字段,当用户在 Tableau 中工作时,可以控制视图中字段的定义。根据用户的要求,大多数字段都可用作维度或度量,并且可以为连续或离散。维度和度量是使用

tableau 开展数据分析时,需要掌握的最基本概念。

Tableau 将字段分配给"维度"区域或"度量"区域进行初始分配时建立了默认值。当用户单击并将字段从"数据"窗格拖到视图时,Tableau 将继续提供该字段的默认定义。如果从"维度"区域中拖动字段,视图中生成的字段将为离散字段(带有蓝色背景);如果从"度量"区域中拖动字段,视图中生成的字段将为连续字段(带有绿色背景)。

Tableau 中的操作顺序(有时称为查询管道)是指 Tableau 执行各种动作(也称为操作)的顺序。

许多操作都应用筛选器,这意味着,在用户构建视图和添加筛选器时,这些筛选器始终按操作顺序所建立的顺序执行。

有时,用户可能预计 Tableau 会按一个顺序执行筛选器,但操作的顺序决定筛选器按不同的顺序执行,则结果可能会出人意料。如果发生这种情况,用户可以更改操作在管道中执行的顺序。

Tableau 的操作顺序包括下面阐述的所有元素。筛选器显示为蓝色,其他操作(大多数为计算)显示为黑色。

4.3.5　WEKA 工具

WEKA(Waikato Environment for Knowledge Analysis)是数据挖掘工具中的佼佼者。WEKA 的全名是怀卡托智能分析环境,是一款免费的、非商业化的、基于 Java 环境下开源的机器学习及数据挖掘软件,它和它的源代码可在其官方网站下载。

WEKA 提供的功能有数据处理、特征选择、分类、回归、聚类、关联规则、可视化等。本书将对 WEKA 的使用做一个简单的介绍,并通过简单的示例,使大家了解 WEKA 的使用流程。下面将仅对图形界面的操作做介绍,不涉及命令行和代码层面的 WEKA 工具简介如图 4-33 所示。

WEKA 工具窗口右侧共有四个应用,分别介绍如下:

(1)Explorer:用来进行数据试验、挖掘的环境,它提供了分类、聚类、关联规则、特征选择、数据可视化的功能。

(2)Experimenter:用来进行数据试验,对不同学习方案进行数据测试。

(3)KnowledgeFlow:功能与 Explorer 差不多,不过提供的接口不同,用户可以使用拖拽的方式去建立试验方案。另外,它支持增量学习。

(4)Simple CLI:简单的命令行界面。

WEKA 支持多种文件格式,包括 arff、xrff、csv,甚至有 libsvm 的格式。其中,ARFF 是最常用的格式,ARFF 的全称是 Attribute-Relation File Format。

使用 WEKA 进行数据挖掘的流程如图 4-34 所示。

其中,在 WEKA 内进行的是数据预处理、训练、验证这三个步骤。

(1)数据预处理:包括特征选择、特征值处理(比如归一化)、样本选择等操作。

(2)训练:包括算法选择、参数调整、模型训练。

(3)验证:对模型结果进行验证。

剩余部分将以这个流程为主线,以分类为示例,介绍使用 WEKA 进行数据挖掘的

图 4-33　WEKA 工具简介

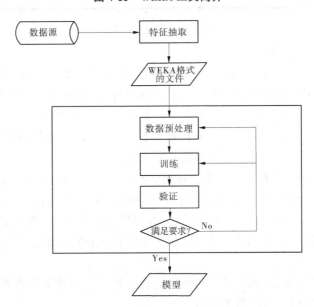

图 4-34　使用 WEKA 进行数据挖掘的流程

步骤。

　　打开 Explorer 界面,点击"Open file",在 WEKA 安装目录下,选择"data"目录里的 "labor. arff"文件,将会看到如图 4-35 所示界面。将整个区域分为 7 部分,下面将分别介绍每部分的功能。

　　区域 1 共 6 个选项卡,用来选择不同的数据挖掘功能面板,从左到右依次是 Preprocess(预处理)、Classify(分类)、Cluster(聚类)、Associate(关联规则)、Select attributes(特征

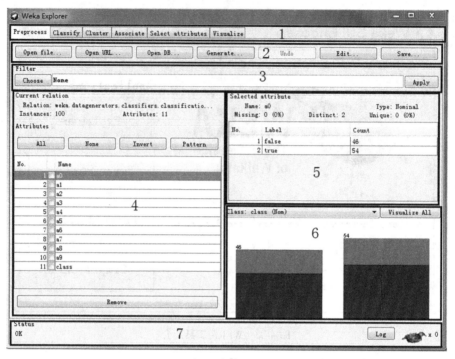

图 4-35　Explorer 界面

选择)和 Visualize(可视化)。

区域 2 提供了打开、保存、编辑文件的功能。打开文件不仅仅可以直接从本地选择，还可以使用 url 和 db 作数据源。"Generate"按钮提供了数据生成的功能，WEKA 提供了几种生成数据的方法。点开"Edit"，将看到如图 4-36 所示的内容。

在这个界面，可以看到各行各列对应的值，右键每一列的名字(先点击列名)，可以看到一些编辑数据的功能，这些功能还是比较实用的。

区域 3 名为"Filter"，有些人可能会联想到特征选择里面的 Filter 方法，事实上，Filter 针对特征(attribute)和样本(instance)提供了大量的操作方法，功能十分强大。

区域 4 可以看到当前的特征、样本信息，并提供了特征选择和删除的功能。

在区域 4 用鼠标选择单个特征后，区域 5 中将显示该特征的信息，包括最小值、最大值、期望和标准差。

区域 6 提供了可视化功能。选择特征后，该区域将显示特征值在各个区间的分布情况，不同的类别标签以不同的颜色显示。

区域 7 是状态栏。没有任务时，"小鸟"是坐着的；任务运行时，"小鸟"会站起来左右摇摆。如果"小鸟"站着但不转动，表示任务出了问题。

打开 Explorer 的 Visualize 面板(见图 4-37)，可以看到最上面是一个二维的图形矩阵，该矩阵的行和列均为所有的特征(包括类别标签)，第 i 行第 j 列表示特征 i 和特征 j 在二维平面上的分布情况。图形上的每个点表示一个样本，不同的类别使用不同的颜色标识。下面有几个选项："PlotSize"可以调整图形的大小，"PointSize"可以调整样本点的大小，"Jitter"可以调整点之间的距离，有些时候点过于集中，可以通过调整"Jitter"将它们分散开。

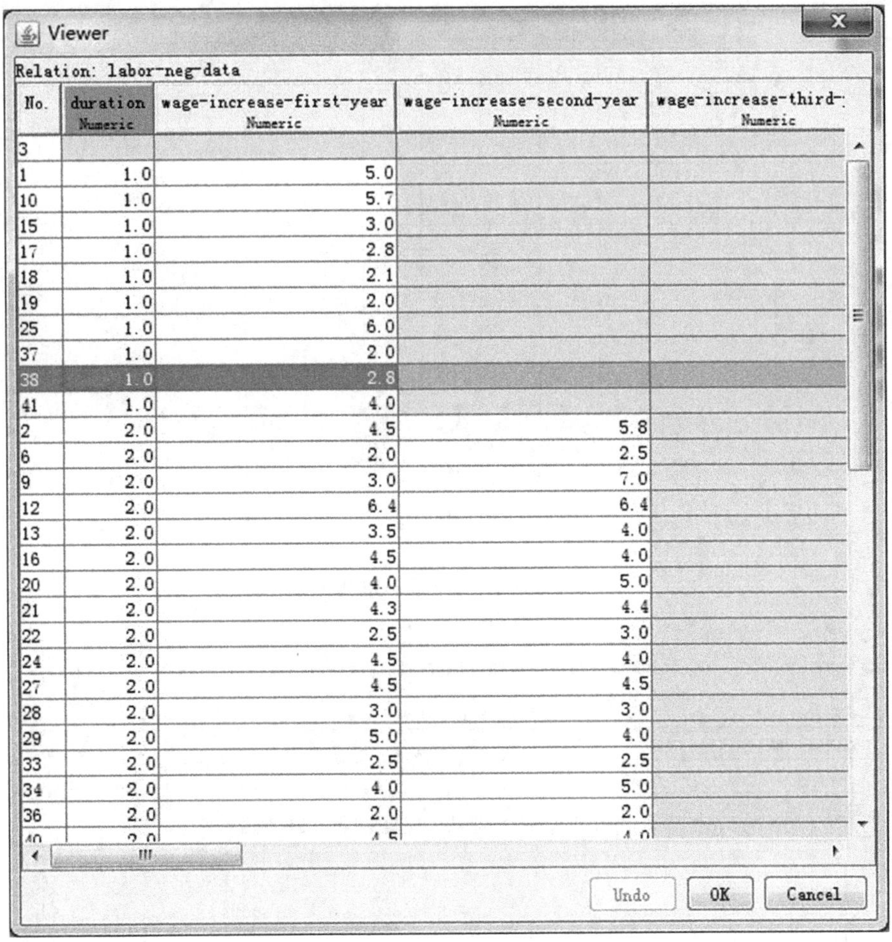

No.	duration Numeric	wage-increase-first-year Numeric	wage-increase-second-year Numeric	wage-increase-third- Numeric
3				
1	1.0	5.0		
10	1.0	5.7		
15	1.0	3.0		
17	1.0	2.8		
18	1.0	2.1		
19	1.0	2.0		
25	1.0	6.0		
37	1.0	2.0		
38	1.0	2.8		
41	1.0	4.0		
2	2.0	4.5	5.8	
6	2.0	2.0	2.5	
9	2.0	3.0	7.0	
12	2.0	6.4	6.4	
13	2.0	3.5	4.0	
16	2.0	4.5	4.0	
20	2.0	4.0	5.0	
21	2.0	4.3	4.4	
22	2.0	2.5	3.0	
24	2.0	4.5	4.5	
27	2.0	4.5	4.5	
28	2.0	3.0	3.0	
29	2.0	5.0	4.0	
33	2.0	2.5	2.5	
34	2.0	4.0	5.0	
36	2.0	2.0	2.0	
40	2.0	4.5	4.0	

Relation: labor-neg-data

图 4-36　使用 WEKA 进行数据生成

图 4-37 是 Duration 和 Class 两个特征的图形,可以看出,Duration 并不是一个好特征,在各个特征值区间,好和坏的分布差不多。

单击某个区域的图形,会弹出另外一个窗口,这个窗口给出的也是某两个特征之间分布的图形,不同的是,在这里通过点击样本点,可以弹出样本的详细信息。可视化还可以用来查看误分的样本,这是一个非常实用的功能。分类结束后,在 Result list 里右键点击分类的记录,选择 Visualize Classify Errors,会弹出如下窗口(见图 4-38)。

这个窗口里,"十字"表示分类正确的样本,X 轴为实际类别,Y 轴为预测类别,单击便可以看到该样本的各个特征值,分析为什么这个样本被误分。

再介绍一个比较实用的功能,右键点击 Result list 里的记录,选择 Visualize Threshold Curve,然后选好类别(坏还是好),可以看到如图 4-39 所示内容。

图 4-39 给出的是分类置信度在不同阈值下,分类效果评价标准的对比情况。图 4-39 给出的是假阳性比率和真阳性比率在不同阈值下的对比,其实就是 ROC 曲线。可以通过选择颜色,方便地观察不同评价标准的分布情况。如果 X 轴和 Y 轴选择的是准确率和召回率,那可以通过这个图,在这两个值之间做权衡,选择一个合适的阈值。

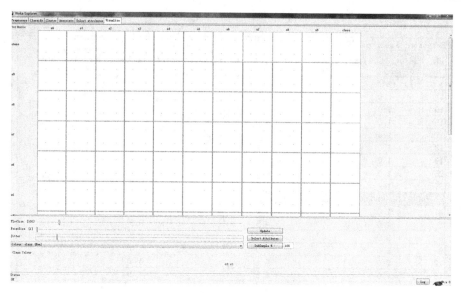

图 4-37　Visualize 面板

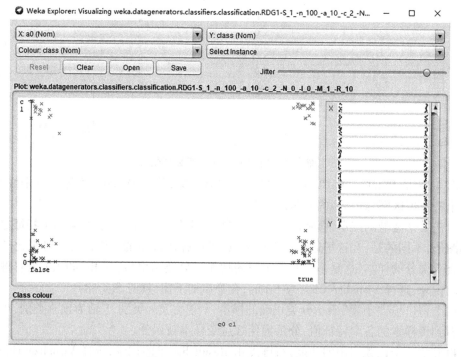

图 4-38　Visualize Classify Errors

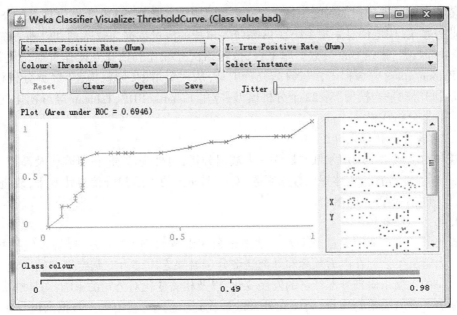

图 4-39　Visualize Threshold Curve

4.4　大数据在数字电网中的应用

4.4.1　背景

作为当今发展最为迅速的新概念、创新最为活跃的新技术,大数据正在对社会各界的生产、生活产生不可忽视的深远影响。作为大数据的"富矿",电力大数据价值不可低估。按照国家电网公司整体规划,到 2020 年,大数据要成为推动智能电网创新发展的关键核心技术。目前,电力大数据已在公司内部电网生产、经营管理、优质服务等多个领域得到了广泛应用。但在公司外部应用上,电力大数据的研究较少。

以电力数据为基础,综合外部数据,借助大数据技术构建相关分析模型,在电力辅助经济研判、电力分析民生发展、电力透视城市动态、电力监测环境变化、电力关注信用高低等方面,唤醒"沉睡"电力大数据价值,充分发挥电力大数据在服务社会发展和关注民生等方面的优势,探索数据价值变现,支撑政府决策,深化服务社会、服务客户感知,助力公司品牌提升。

4.4.2　主要做法

4.4.2.1　基本架构介绍

主要分为"电力看经济""电力看城市""电力看消费""电力看环境""电力看民生""电力看信用"六大应用领域,涵盖了社会经济的各个方面。通过对上述六个领域的社会活动所伴生的电力数据进行深入分析,挖掘潜在的电力数据应用价值,为客户提供数据分析服务与辅助决策支持。

依托国网某省公司部署的一体化全业务数据中心,以 PMS2.0 生产管理系统、SG186 营销业务系统、用电信息采集系统、GIS 系统等累积的海量数据为载体,汇集"地方统计年鉴"等外部数据,搭建 Oracle 数据库平台,依托语法互操作和语义互操作贯通相关数据;借助 Python、spass 等编程语言与数据分析工具,从六个角度,创新构建"聚类分析模型""季节回归滑动平均模型"等 22 个分析模型;应用 Echarts、BDP、Tableau 等可视化展示工具输出数据分析成果。

4.4.2.2　具体分析场景介绍

通过对上述六个应用领域开展深入大数据分析,对外为政府、科研院所及高校、事业单位、公司企业等社会实体提供数据服务,对内倒逼公司不断提升信息化水平,改进数据质量,促进内部业务不断融合。

1.电力看经济场景

提出了基于行业用电量数据及当地上市公司财务数据的"电力-经济景气指数"模型。对内解决了公司在电力预测和外部经济分析时缺乏内部自有判定模型的问题,可以通过自身的数据来研判外部经济的发展变化,以及相关变化对公司的影响;对外解决了电力数据服务政府决策的痛点,公司在外部政府沟通交流中,利用电力数据高度灵敏的特征,及时发现属地经济运行中存在的变化从而支撑政府决策。

2.电力看城市场景

通过公司配电变压器信息(配变容量、投运年限、配变负荷等)及行业用电量情况,勾画出城市发展趋势及生活作息规律。对内可以支撑配电网规划,对外为潜在的客户提供购房、就业、经商等宏观参考。同时,微观上的负荷流动和变化,也可以作为美团、大众点评等互联网企业勾勒客户消费行为的补充。

3.电力看消费场景

通过分析餐饮、出行、旅游、购物、体育、文化等百姓消费相关领域的电力客户用电量变化情况,观察消费行业或区域热点,同时针对消费热点可以提供分析决策报告。例如对于餐饮业,什么样的餐饮企业,在什么地区,用电力反映的经营大致状况,为潜在客户做出商业决断时提供参考和支撑。以电量负荷数据反映区域消费活动强度及消费热点与偏好,可作为美团、大众点评等互联网企业勾勒客户消费行为的补充,亦可为企业客户针对潜在消费群体提供商业决策报告。

4.电力看环境场景

基于污染企业用电量数据与聚类算法实现了污染企业的全面监控。经过在成都试点,可以有效监测和分析企业是否有效执行了政府下发的重污染天气应急预案及散乱污企业关停后是否死灰复燃。

在对内服务上,提出基于区块链技术的"电力绿币"概念,通过电力绿币引导客户参与高峰节电,即可以实现电网经济运行,又可以通过电力绿币将客户与公司电商企业绑定,为公司电商企业提供大量的潜在消费群体。

5.电力看民生场景

基于学生人均用电量与患者人均用电量,构建教育和医疗资源电力评价指数;通过分析"零电量"住房变化,计算"住房空置率"与"住房刚需率";通过人均用电量数据分析贫困户分布区域。

民生场景主要服务于政府,通过电力数据构建民生变化,特别是脱贫攻坚所设计的内容,可以为政府等有关部门提供民生服务等方面的参考。

6. 电力看信用场景

基于高低压客户缴费、功率因数考核、违约用电、设备安全管控四个维度为客户"画像",评定信用等级,为公司掌握客户信用提供参考。

对内,可以为公司掌握客户信用提供参考,延伸电力医院、电力工厂、电力保险等服务,拓展综合能源服务内容。对外,主要看国家权力部门和涉及信用的企业,是否对基于用电数据的信用有潜在的消费需求。

4.4.3　价值与成效

电力大数据可以为行业内、外提供高附加值的增值服务,对于电力企业盈利与管理水平的提升有巨大支撑价值。本项目的目标客户主要为系统内、外两大类型。对外包括各级发改委、经信委、民政局、环保局、统计局等政府部门,档案、轨道交通等企事业单位,高校及下属研究院,售电公司、电商平台、咨询公司及各类用电大客户。对内包括国网系统内,各区域各级发展策划部、调控中心、运维检修部、营销部、应急指挥中心等专业部门、支撑机构及产业单位。由于项目宗旨在于挖掘电力数据外溢价值,重点结合外部客户需求做以下说明。

4.4.3.1　支撑政府部门验证施政效果、有效决策

经济主管部门通过电力数据观测经济运行景气度,为研判经济形势提供参考。环保部门利用电力数据实现对污染企业的实时监控和散乱污企业的治理监督。规划、民政、财政等部门借助电力数据指导城市规划建设,聚焦贫困人群分布、房屋空置、医疗资源分布等问题,为政府对应管理部门制定合理政策提供决策支撑。

4.4.3.2　供给基础数据,提高科研广度、深度

海量电力基础数据为研究院所及高校开展相应的经济、民生、环保、消费课题研究提供第一手数据资源。通过多维度、多行业的数据耦合研究,进一步促进科研质效提升。

4.4.3.3　助力公共事业单位,优化功能布局

交通部门利用电力数据了解城市早晚高峰精确时间,从而合理安排公共交通线路、地铁布点。医疗、教育单位可以根据电力数据了解城市人口活动密度分布,优化新建医院、学校选址,更好地满足民生需求。

4.4.3.4　服务公司企业,提升商业投资效率

企业借助电力数据,发现区域消费热点与区域消费习惯,从而定位潜在客户群体分布,为实体企业与互联网企业的经营方向规划、广告精准投放、门店选址提供支撑。通过电力数据反映的客户信用水平,为企业评定消费者信用等级、实施分级定价和服务提供部分参考。通过基于电力数据的经济分析模型与城市发展分析模型的匹配,优化选择投资地区和行业。

4.4.4　结论

数据依托全业务数据中心。分析方法采用了标准的数据挖掘、获取、清洗、整合、分析过

程标准(CRISP-DM)。数学模型具有良好适配性。客户需求也具有全国普适性。全国各地政府、科研院所、企事业单位等均对电力数据有较强的数据获取与分析研究需求。

应用场景具有较强的推广性。其中尤以"电力看经济""电力看环境""电力看信用"等三个场景的推广价值更高。

4.4.4.1　电力数据分析经济脉搏,结果有用

"电力看经济"的外部数据主要依托 109 家上市公司的财务报表数据。证券法规要求上市公司必须定期完整公布自身财务数据,保证了数据来源连续可靠,使得"电力看经济"的分析场景在其他省市具有较强的可移植性。分析中按照"繁荣、衰退、萧条、复苏"四阶段,构建"电力-经济"景气指数,为企业及政府观察经济发展变化趋势提供了一种全新的参考视角,分析成果得到了中电联管理创新评审专家的高度肯定,认为其具有很强的应用价值。

4.4.4.2　电力数据掌握污染变化,管控有效

"电力看环境"中的数据主要为行业及企业的日用电量数据,数据获取更方便,具有较强推广性。近年来,中央在全国开展了严肃的环保巡视督查。各地政府在环境污染治理上压力巨大,急需通过水、电、气等外部数据辅助监测排污企业减排情况和散乱污企业关停情况。经调研当前水、电、气用量数据中,仅有电力数据实现了全面采集覆盖,具备可落地的数据应用价值。

政府的迫切需要使电力数据服务在该领域成为一块巨大的潜在市场。该部分分析也得到了市经信委和环保局的大力支持,由政府提供污染企业名单,供电企业在数据脱敏的基础上,开展数据服务,分析成果得到市经信委和环保局的高度认可,并计划开展更进一步的深入合作,使电力数据的社会价值得到充分发挥。

4.4.4.3　电力数据反映信用高低,法治有据

"电力看信用"基于高低压客户缴费、设备安全管控、功率因数考核、违约用电等维度为客户"画像",数据均来源于企业内部业务系统,为客户行为评价提供了全新的视角,具有较高推广价值。深化应用客户评级结果,不仅可为公司开拓更多综合能源服务空间,还可完善丰富国家整体信用评级体系,具有巨大潜在应用价值。

4.4.5　展望

结合当前电力大数据发展趋势,需进一步考察目标市场产品服务情况。一是政府服务类产品。针对统计数据,由于政府有专门的统计数据上报管理制度和规定,该部分数据无法纳入政府服务采购;但针对"电力看环境""电力看经济"等特殊的、实时动态更新的海量数据服务产品,有望在打通管制约束后,进入政府服务采购市场,支撑政府管理和决策。二是行业商用类产品。主要服务行业大客户和普通数据需求客户,从当前调研情况看,大数据挖掘分析的市场尚处于起步阶段,该类市场目前空间和利润点不固定,需要长期培养。

参 考 文 献

[1] 郭再福,朱江峰.提高变压器保护跳闸矩阵检验效率[J].农村电化,2015(5):46-47.

[2] 裘丹,罗田.主变保护跳闸矩阵整理及优化的探索[J].中国战略新兴产业,2017(40):188.

[3] 罗俊杰.研制保护跳闸出口测试仪[J].信息通信,2018(11):148-149.

[4] 王磊,陈青,高洪雨,等.基于大数据挖掘技术的智能变电站故障追踪架构[J].电力系统自动化,2018,42(3):84-91.

[5] 郝丽萍,朱平,蔡会会,等.基于多维关联规则的智能变电站二次设备的故障定位研究[J].数字通信世界,2018(8):237-238.

[6] 徐建军,盖迪,闫丽梅,等.基于主成分分析法和贝叶斯网络的智能变电站故障诊断方法[J].化工自动化及仪表,2018,45(3):197-200.

[7] 张向东,许磊,王祥哲,等.基于模糊综合评判的智能变电站告警系统研究[J].电网与清洁能源,2017,33(10):37-40,45.

[8] 王喜,赵宵凯,熊斌宇.一种基于数据挖掘技术的智能变电站故障诊断方法[J].智慧电力,2018,46(4):39-43.

[9] 高旭,于庆广,马迎新,等.基于图论深度遍历算法的智能变电站光纤虚实回路对应方法研究[J].电测与仪表,2020,57(2):1-6.

[10] 苏宏升,李群湛,郝文斌.基于粗糙集和贝叶斯分类器的变电站故障诊断[J].计算机工程与设计,2006(16):3099-3101.

[11] 曹海欧,张沛超,高翔.基于模糊支持向量机的继电保护状态在线评价[J].电力系统保护与控制,2016,44(20):70-74.

[12] 闫磊,李远,徐利美,等.基于时序神经网络的智能变电站采样值报文虚假数据检测和丢包预测研究[J].自动化技术与应用,2019,38(6):98-103,112.

[13] 刘宣廷,李鹏,苗爱敏,等.基于谱聚类的输电线覆冰过程微气象特征提取模型[J].测控技术,2019,38(7):89-92.

[14] 王增华,窦青春,王秀莲,等.智能变电站二次系统施工图设计表达方法[J].电力系统自动化,2014,38(6):112-116.

[15] 张巧霞,贾华伟,叶海明,等.智能变电站虚拟二次回路监视方案设计及应用[J].电力系统保护与控制,2015,43(10):123-128.

[16] 刘明忠,童晓阳,郑永康,等.智能变电站配置描述虚端子多视角图形化查看系统[J].电力系统自动化,2015,39(22):104-109,144.

[17] 杨毅,高翔,朱海兵,等.智能变电站SCD应用模型实例化研究[J].电力系统保护与控制,2015,43(22):107-113.

[18] 孙志鹏.智能变电站安全措施及其可视化技术研究[D].北京:华北电力大学,2014.

[19] 何志鹏,郑永康,李迅波,等.智能变电站二次设备仿真培训系统可视化研究[J].电力系统保护与控制,2016,44(6):111-116.

[20] 章坚民,叶义,徐冠华.变电站单线图模数图一致性设计与自动成图[J].电力系统自动化,2013,

37(9):84-91.

[21] 章坚民,方文道,胡冰,等.基于分区和变电站内外模型的区域电网单线图自动生成[J].电力系统自动化,2012,36(5):72-85.

[22] 卢志刚,李学平.基于蚁群的在线理论线损分析用输电网单线图自动布局[J].电力系统自动化,2011,35(21):74-77.

[23] 章坚民.叶义.陈立跃,等.基于新型力导算法的省级输电网均匀接线图自动布局[J].电力系统自动化,2013,37(11):107-111.

[24] 徐彭亮,何光宇,梅生伟,等.基于地理信息的输电网单线图自动生成新算法[J].电网技术,2008(21):9-12.

[25] 孙扬,蒋远翔,赵翔,等.网络可视化研究综述[J].计算机科学,2010,37(2):12-18,30.

[26] 水超,陈涛,李慧,等.基于力导向模型的网络图自动布局算法综述[J].计算机工程与科学,2015,37(3):457-465.

[27] 章坚民,陈昊,陈建,等.智能电网态势图建模及态势感知可视化的概念设计[J].电力系统自动化,2014,38(9):168-176.